ro
ro
ro

«Sie finden hier keine Tipps, welcher Stromtarif momentan der günstigste ist oder welcher Bäcker die billigsten Brötchen anbietet. Und wahrscheinlich haben Sie genauso wenig Lust und Zeit wie wir, sich ständig damit zu befassen, wie sich 20 Cent sparen lassen. Aber für dumm verkaufen lassen wollen Sie sich auch nicht – stimmt's? Dann sind Sie hier richtig. Die Kunst des klugen Kaufens besteht nicht in der Schnäppchenjagd. Sie besteht in einem aufgeklärten, entspannten Umgang mit Geld. Kluge Käufer wissen, wie sie informierte Kaufentscheidungen treffen, und lassen sich nichts aufschwatzen. Erlernen Sie diese Kunst!»

rororo

Thomas Ramge, Jahrgang 1971, ist Technologie-Korrespondent des Wirtschaftsmagazins *brand eins* und schreibt als Contributing Editor regelmäßig für *The Economist*. Er war Redakteur beim SWR, Politischer Korrespondent bei Deutsche Welle TV und Chefredakteur des Berater-Magazins *think:act*. Thomas Ramge wurde mit diversen Journalistenpreisen ausgezeichnet. Er hat bis heute zehn Sachbücher veröffentlicht, zuletzt erschien bei Rowohlt «Montags könnt ich kotzen».

Marcus Rohwetter, Jahrgang 1973, ist Wirtschaftsredakteur und Kolumnist bei der Wochenzeitung *Die Zeit*. Er wurde für seine Arbeiten vielfach ausgezeichnet, zuletzt mit dem Georg von Holtzbrinck Preis für Wirtschaftspublizistik, dem Helmut Schmidt Journalistenpreis und mit dem Otto Brenner Preis für kritischen Journalismus. Seit 2012 schreibt er im Wirtschaftsteil der *Zeit* seine wöchentliche Kolumne «Quengelzone».

Thomas Ramge
Marcus Rohwetter

NIMM 2, ZAHL 3

Die Kunst des klugen Kaufens

Mit Illustrationen von
Oliver Weiss

Rowohlt Taschenbuch Verlag

Originalausgabe
Veröffentlicht im Rowohlt Taschenbuch Verlag,
Reinbek bei Hamburg, Juni 2016

Umschlaggestaltung ZERO Werbeagentur, München
Umschlagabbildung Oliver Weiss Illustration
Satz aus der DTL Documenta, InDesign,
bei Dörlemann Satz, Lemförde
Druck und Bindung CPI books GmbH, Leck, Germany
ISBN 978 3 499 63163 4

INHALT

VORWORT

Ratgeber sind doof. Deswegen ist dieses Buch auch kein Ratgeber. Sie finden hier keine Tipps, welcher Stromtarif momentan der günstigste ist oder welcher Bäcker die billigsten Brötchen anbietet. Das ändert sich ohnehin jeden Tag. Und wahrscheinlich haben Sie genauso wenig Lust und Zeit wie wir, sich ständig damit zu befassen, wie sich 20 Cent sparen lassen. Sie haben Besseres zu tun. Aber für dumm verkaufen lassen wollen Sie sich auch nicht – stimmt's?

Dann sind Sie hier richtig. Die Kunst des klugen Kaufens besteht nicht in der Schnäppchenjagd. Sie besteht in einem aufgeklärten – und im Rahmen Ihres Budgets – entspannten Umgang mit Geld. Kluge Käufer wissen, wie sie informierte Kaufentscheidungen treffen, und lassen sich nichts aufschwatzen.

Erlernen Sie diese Kunst. Sie besteht darin, Verhaltensmuster der Werber und Verkäufer zu erkennen.

Wir haben uns in die Welt des Konsums gestürzt, Marketingkampagnen auf uns wirken lassen, Verkaufsgespräche belauscht, Selbstversuche unternommen und dabei Moden und Methoden untersucht. Wir sind immer wieder auf die im Kern gleichen Maschen gestoßen, mit denen wir verführt, abgelenkt und manipuliert werden sollen.

Das ist mal sympathisch, mal hinterhältig, mal offenkundig und mal kaum zu bemerken. Aber es passiert im Supermarkt genauso wie im Restaurant oder bei Online-Vergleichsportalen für Urlaubsreisen.

Achtung, Verkaufstrick!

Wenn Sie dieses Buch gelesen haben, gehen Sie mit offeneren Augen durch die Warenwelt. Dann werden auch Sie diese Muster erkennen und verstehen, wie oft unser Alltag nur ein ökonomisches Spiel ist – bei dem besser dasteht, wer die Regeln beherrscht.

Mal gewinnen wir bei diesem Spiel, mal verlieren wir. Und natürlich werden wir gelegentlich für dumm verkauft. Aber selbst dann können wir immer noch den Preis hochtreiben.

Thomas Ramge & Marcus Rohwetter

KAPITEL 1

Kampfzone Supermarkt

Der Wochenendeinkauf für die ganze Familie

Widerstand ist zwecklos

Warum wir kaufen, was wir eigentlich gar nicht wollen

Wir möchten, dass die Milchbauern anständig bezahlt werden, wählen am Wochenende aber das Sonderangebot im Discounter. Wir kennen die Zustände in asiatischen Textilfabriken, finden die Sneaker aber so cool, dass wir sie unbedingt haben müssen. Und packen schnell noch zwei Tafeln Schokolade, Kartoffelchips und ein Glas Erdnussbutter ein, obwohl wir ganz genau wissen, dass wir eigentlich schon dick genug sind.

Immer wieder tun wir, was wir eigentlich nicht wollen.

Oder, präziser gesagt, was unser Verstand nicht will. Unser gieriges Inneres will das schon. Es will es billig, schnell, schön, süß und kalorienreich. Manche Forscher nennen das den Neandertaler in uns. Andere sprechen vom Reptilien-Teil des Gehirns oder von dem Kampf zwischen Bauch und Kopf, zwischen Verstand und Gefühl. Letztlich geht es aber immer um das Gleiche: um die starken und die schwachen Momente, die jeder von uns kennt.

Meine schwachen Momente habe ich unter anderem jeden Abend. Zwischen 20 und 23 Uhr, wie ich durch konsequente Selbstbeobachtung herausgefunden habe. Nicht davor und nicht danach, aber in dieser Zeit bin ich bereit, zu fast allem «Ja» und «Amen» zu sagen. Meine Widerstandskräfte sind in diesen drei Stunden völlig erschöpft, weil ich während des zurückliegenden Tages im Büro schon zu oft «Nein», «Jetzt nicht» oder «Kommen Sie später wieder» gesagt habe, um mir unangenehme Arbeit vom Hals zu halten. Nach 23 Uhr schlafe ich für gewöhnlich ein, aber bis dahin möchte ich einfach mal «Ja» sagen dürfen. Und zugreifen. Dann suche ich in meinem Küchenschrank nach einer Tafel Schokolade und rede mir ein, dass ich mich jetzt guten Gewissens belohnen darf. Immerhin habe ich es bis hierhin geschafft. Meine Tage sind schließlich äußerst anstrengend. Es geht nicht nur Ihnen so.

Nachdem ich «Ja» gesagt habe, fühle ich mich schlecht. Zum einen, weil ich nachgegeben habe. Und zum anderen, weil ich mir die Falle, in die ich getappt bin, selbst gestellt habe. Warum kaufe ich das Zeug auch und lege es mir griffbereit in den Küchenschrank?

Natürlich kenne ich die Antwort: damit ich, sobald ich Lust auf Schokolade verspüre, sofort welche bekomme. So weit ist es schon gekommen. Niemals würde ich mir abends noch mal die Schuhe anziehen, zur Tankstelle oder zum Kiosk gehen und dort eine Tafel kaufen. Dazu bin ich zu faul. Nach einem langen Arbeitstag habe ich gerade noch genügend Kraft, um den Arm zu heben, den Schrank zu öffnen und gierig meine Schätze zu plündern.

Das ist der Impuls. Impulse zu erzeugen und auszubeuten gilt als höchste Kunst des Verkaufens. Das funktioniert prinzipiell genauso wie in der Physik: Bei Impulsen geht es darum, einen Körper in Bewegung zu setzen. In diesem Fall meinen Körper in Richtung Schokolade.

Das Problem mit Impulsen ist, dass sie sich schnell verflüchtigen. Noch während meine Hand zur Schokolade greift, beginnt der Verstand im Kopf dagegen zu arbeiten: Das ist ungesund! Du bist eh schon zu fett! Lass es besser sein! Gelingt es dem Verstand, die Handbewegung zu unterbrechen, verpufft der Kaufimpuls und geht ökonomisch gesehen ins Leere. Dann droht Stagnation.

Stagnation wollen Schokoladenfabrikanten und Einzelhändler als Allerletztes, und sie wollen auch nicht, dass mein Kühlschrank vielleicht einmal leer ist. Ein leerer Schrank bedeutet ebenfalls Stagnation. Schokoladenfirmen wollen, dass ich sofort bekomme, was ich will. Bevor ich zu denken beginne und es mir vielleicht auch einmal anders überlege. Denken hält vom Kaufen ab. Denken ist aus betriebswirtschaftlicher Perspektive eine Gefahr. Kunden sollen kaufen, nicht denken.

Sehr schön kann man das am Beispiel von Nestlé beobachten. Nestlé ist einer der größten Hersteller von Lebensmitteln weltweit, und der Konzern mit Sitz im schweizerischen Vevey investiert tatsächlich Geld, um Menschen zu gesunder Ernährung anzuhalten. Das ist die Sache mit dem Verstand, und damit wird auch kräftig geworben. Allerdings setzt Nestlé auch jedes Jahr knapp zehn Milliarden Schweizer Franken mit dem Verkauf von Süßigkeiten um, Eiscreme noch nicht einmal mit eingerechnet. Das ist die Sache mit dem Gefühl, und die ist finanziell viel attraktiver.

Während eines Besuchs bei Nestlé vor etlichen Jahren bin ich mal in eine Veranstaltung gestolpert, bei der Konzernmitarbeiter diskutierten, wo sich noch zusätzliche Verkaufsautomaten für Süßigkeiten aufstellen ließen. Idealerweise dort, so wurde man sich schnell einig, wo Menschen warten und sich langweilen. An Bahnsteigen beispielsweise. Dort ist es kalt und windig, die Leute sind genervt und somit empfänglich für kleine süße Verführungen. Dort lassen sich Kaufimpulse am allerbesten in Umsätze verwandeln. Irgendwann werden die Wartenden schon schwach.

Dass dieses Konzept noch sehr stark erweiterbar ist, hat das Unternehmen Wrigley im vergangenen Jahr herausgefunden. Der Kaugummi-Konzern hat dazu «die größte Impulsivitätsstudie seiner Firmengeschichte» durchgeführt, die Besucher von 50 Supermärkten drei Monate lang komplett analysiert und so «die impulsivsten Standorte identifiziert». Jene Orte also, an denen wir kaufen, ohne zu denken. Wrigley gibt ja selber zu, dass niemand in einen Laden geht mit «Kaugummi» auf der Einkaufsliste. Das Zeug verkauft sich eben nur, weil es im richtigen Moment da ist.

Künftig sollen Wrigley zufolge Kaugummi-Displays dort zu finden sein, wo Kunden ihren Einkaufskorb aufnehmen (dann haben sie gleich etwas, das sie reinlegen können). Auch die Wartezeit an Käse- und Fleischtheken will das Unternehmen nutzen, um Impulse auszulösen. Und selbst bei Tiefkühlkost will es Potenzial für spontane Kaugummikäufe ausgemacht haben.

Impulsmäßig unschlagbar bleibt aber nach wie vor der Bereich an der Kasse. Dort sieht es nicht ohne Grund so aus wie in meinem Küchenschrank: überall Schokoladenriegel. Mit Nüssen und Mandeln. Mit Keks und ohne. Lang und kurz, breit und dünn, einlagig oder doppelstöckig. Kaugummi natürlich auch. Bunt verpackt, klein, schnell und billig. Was immer ich will.

Alles ist nur eine Armlänge entfernt so angeordnet, dass ich es mit einem einzigen Griff erreichen kann, sobald mich der Impuls packt. Und das tut er zuverlässig. Das EHI Retail Institute hat herausgefunden, dass die Kassenzone, obwohl sie in der Regel nur ein Prozent der Fläche eines

Supermarkts ausmacht, für bis zu sieben Prozent des Umsatzes sorgt.

Kein Wunder. Hier muss ich zwangsläufig vorbei, hier komme ich nicht weg. Wenn ich in der Warteschlange eingepfercht bin und das ganze Zeug ständig vor der Nase habe, kann ich dem Impuls schwer widerstehen. Manchmal hilft es, eine bewusste Trotzhaltung einzunehmen. Dann sage ich mir: Ich kaufe dieses Zeug schon deshalb nicht, weil ich beweisen will, dass mein Verstand jeder Verkaufspsychologie überlegen ist.

Auf diese Weise kann ich widerstehen. So etwa eine Minute lang.

Fatal wird es, wenn vor mir in der Schlange eine Rentnerin steht. Erst müht sie sich ab, ihr Zeug aufs Band zu legen. Dann überlegt sie, ob sie vielleicht lieber drei statt zwei Dosen Ananas kaufen sollte, weil doch heute Abend Besuch kommt. Und schließlich fängt sie an, umständlich nach Kleingeld zu kramen, bevor sie lieber mit Karte zahlen will, deren Geheimzahl sie doch sicher irgendwo notiert hat. Nur wo?

Und während der ganzen Zeit stehe ich vor der Schokolade. Irgendwann werde ich schwach.

Ich habe nichts gegen Rentner. Allerdings frage ich mich, ob Rewe, Edeka und andere Einzelhändler bewusst Ruheständler als menschliche Kaufhindernisse beschäftigen. Damit sie Kunden wie mich absichtlich aufhalten und ungesunden Krempel kaufen lassen. Ein perfider Plan wäre das. Ich kann ihn aber nicht beweisen.

Die Logik der Supermärkte

In zehn Schritten zum vollen Einkaufswagen

Die Waren hoch stapeln, die Preise niedrig halten. Oder, im amerikanischen Original: «Pile it high, sell it low». Das war der Werbeclaim von King Kullen, dem ersten echten Supermarkt der Wirtschaftsgeschichte. Er eröffnete 1930 in einer Garage im New Yorker Stadtteil Queens. Sechs Jahre später gab es in New York schon 17 King-Kullen-Filialen. Der Siegeszug der Selbstbedienung im Lebensmitteleinzelhandel hatte begonnen – und damit die Verbannung von Tante Emma in die ökonomische Nische.

Der Gründer der ersten Supermarkt-Kette, Michael J. Cullen, beließ es nicht beim Hochstapeln und Preisdrücken. Er feilte am Aufbau seiner Läden mit dem simplen Ziel: An der Kasse sollte der Kunde möglichst viele Waren im Einkaufskorb haben. An Cullens Ziel hat sich bis heute nichts geändert, aber die Methoden sind weit raffinierter als damals. Supermarkt-Designer verführen mit vielen psychologischen Tricks zum Kauf, es beginnt beim Parkplatz und endet in der Quengelzone. Das sind die zehn wichtigsten Schritte, um unsere Einkaufwagen zu füllen:

Erster Schritt: Auf die Wagengröße kommt es an. Und nein, Sie sind nicht geschrumpft, das sieht nur so aus. In Wahrheit werden die Einkaufswagen größer. Denn bei doppelter Wagengröße kaufen Kunden im Schnitt 40 Prozent mehr ein. Weil eine kleine Packung Spaghetti im großen Wagen so einsam und verloren aussieht. So, als hätte man noch fast gar nichts gekauft.

Zweiter Schritt: Rechts rein! Warum liegt der Eingang von Lebensmittelmärkten immer rechts? Weil die Konsumforschung herausgefunden hat: Die meisten Kunden fühlen sich wohler, wenn sie ihre Einkaufsrunde gegen den Uhrzeigersinn drehen. Wer sich besser fühlt, kauft mehr.

Dritter Schritt: Wohlfühltemperatur. Aus dem gleichen Grund sollte es in einem Supermarkt immer exakt 19 Grad haben. So sieht es zumindest das Einzelhandels-Lehrbuch vor. 19 Grad sind nicht zu warm, um träge zu werden. Nicht zu kalt, um zu frösteln. Das ist die ideale Kauf-Temperatur.

Vierter Schritt: Frischer Start. Eigentlich ist es ja total unpraktisch, dass es Erdbeeren und Salat ganz vorn im Geschäft gibt. Später auf der Einkaufstour, wenn die Tomatendosen, Milchtüten und Getränke in den Wagen kommen, müssen wir die empfindlichen Frischwaren immer wieder nach oben sortieren. Aus Sicht des Händlers ist das dennoch sinnvoll. Im Frischeparadies am Eingang gehen den Kunden die Sinne auf. Sie bekommen Appetit und gute Laune. Sie vertrödeln Zeit. Das fördert unvernünftige Kaufentscheidungen im späteren Verlauf.

Fünfter Schritt: Die Regaltrichter. Schauen Sie bitte mal ganz bewusst geradeaus, wenn Sie durch die Gänge laufen. Unbewusst tun Sie das sowieso. Deshalb stehen an den Stirnseiten der Regale – den sogenannten Endcaps – immer Waren mit besonders hoher Marge, die überdurchschnittlich oft gekauft werden.

Sechster Schritt: Auf Augenhöhe. Dass sich die günstigen Produkte auf Kniehöhe und darunter befinden, weiß jeder preisbewusste Kunde. Bücken lohnt sich. Nur wenigen Kunden ist bewusst, dass die Regale auf Augenhöhe nicht nur für sie teuer sind. Wollen die Hersteller, dass ihre Produkte dort stehen, müssen sie den großen Einzelhandelsketten oft «placement fees» zahlen. Das sind Gebühren für den besonderen Platz. Die der Kunde natürlich mitbezahlt, wenn er diese wohlplatzierten Waren kauft.

Siebter Schritt: Der lange Weg zum Kühlregal. Butter, Milch und andere schnell verderbliche (also häufig zu kaufende) Produkte finden Sie meist im hinteren Teil des Marktes. Der Weg dorthin ist weit, und wir müssen ihn immer wieder hinter uns bringen. Was viele weitere Gelegenheiten zu unvernünftigen Impulskäufen mit sich bringt.

Achter Schritt: Backstuben-Inflation. Selbst Discounter wissen mittlerweile, dass der Duft von frischem Brot hungrig macht. Hungrige Kunden laden den Wagen eher voll. Die Aufbacköfen hinter den Selbstbedienungs-Brot-Theken stehen deshalb oft ebenfalls im hinteren Teil des Ladens. Sie regen die Sinne an, wenn die

Verführungskräfte der Obst- und Gemüse-Abteilung abgeklungen sind.

Neunter Schritt: Der Shop im Shop. Im Innern von Supermärkten wirken die Abteilungen für Kosmetik oder Wein meist wie eigene Welten. Schöneres Licht, edle Regale, mehr Platz – all das ergibt Sinn, weil wir in anderen Welten auch andere Preise akzeptieren. Höhere nämlich. Aber keine Angst: Direkt neben der Luxus-Welt finden sich oft die Bereiche mit den Sonderangeboten. Wenn wir dort zugreifen, können wir unser Spargewissen gleich wieder beruhigen und den Luxuskonsum innerlich rechtfertigen. Nebenbei lassen wir noch etwas mehr Geld im Laden.

Schritt zehn: Die Quengelzone heißt Quengelzone, weil Kinder in ihr nach Süßigkeiten quengeln. Für alle Kunden, die keine kleinen Kinder bei sich haben, wäre der Begriff Belohnungszone passender. Sie haben einen anstrengenden Einkauf hinter sich gebracht. Das verdient eine Belohnung!

Kochen wie in Bullerbü

Unsere weltfremde Sehnsucht nach natürlichen Lebensmitteln ohne Chemie

Es gibt immer einen Grund, sich Sorgen zu machen. Weil immer mehr gefährliche Stoffe in Lebensmitteln auftauchen. Das sind Stoffe, mit denen Menschen regelmäßig in Berührung kommen, oft ohne es zu wissen, und die ihre Gesundheit massiv beeinträchtigen können.

Einer dieser Stoffe ist Dihydrogenmonoxid. Diese Chemikalie wird von Landwirten traditionell zur Steigerung ihrer Ernteerträge verwendet und im großen Stil auf die Felder gesprüht. Sie ist deshalb so beliebt, weil sie vergleichsweise billig und leicht zu bekommen ist. Und abgesehen davon ist die Verwendung von Dihydrogenmonoxid, das auch als Mittel zur Brandbekämpfung eingesetzt wird, in der Landwirtschaft sogar völlig legal. Es findet sich in nahezu allen Lebensmitteln, in Obst und Gemüse, in Brot, Limonaden, Fertigsoßen und sogar in Babybrei. Dabei ist der Stoff äußerst gefährlich und kann – etwa in reiner Form eingeatmet – sogar tödlich wirken. Eine wahrhaft teuflische Chemikalie.

Die naturwissenschaftlich Interessierten haben wahrscheinlich längst erkannt, um was es hier geht. Um Wasser.

Ganz normales Wasser. Auch bekannt als H_2O, was schon etwas chemischer klingt. Doch erst die unkonventionelle, gleichwohl ebenfalls zutreffende Bezeichnung Dihydrogenmonoxid lässt es so richtig gefährlich erscheinen. Was bei Wasser ja auch wiederum nicht ganz falsch ist, denken Sie nur an das Risiko des Ertrinkens. Das Beispiel soll nur eines illustrieren: unseren teilweise irrationalen Umgang mit Chemie.

Ausgedacht haben sich den Spaß Studenten oder Professoren an der Universität von Kalifornien in Santa Cruz schon in den späten achtziger Jahren. Ein wunderbarer Schocker für all jene verunsicherten Konsumenten, die auch heute permanent glauben, sie würden sich durch ihre Nahrungsmittel vergiften. Dass die Lebenserwartung permanent steigt, vermag als Gegenargument ebenso wenig zu überzeugen wie die Tatsache, dass man heute wahrscheinlich eher an Verfettung und Überzuckerung stirbt als an irgendwelchen Giftstoffen in der Nahrung. Aber geschenkt. Menschen sind so.

Aus diesem Grund lässt sich die Angst vor der Chemie auch wunderbar instrumentalisieren – und zwar von praktisch allen Unternehmen, die Lebensmittel herstellen. Die ganze Biobranche lebt von dieser Furcht. Zwar sind auch ihre Produkte letztlich nichts anderes als das Ergebnis von chemischen Prozessen. Aber es dürfte kein Zufall sein, dass sich gerade in Bio-Supermärkten Produkte von Firmen häufen, deren Namen an eine Bullerbü-artige und irgendwie naive Märchenwelt erinnern. Oder woran denken Sie bei Markennamen wie Zwergenwiese und Rapunzel?

Kein Wunder, dass das zieht. Die klassische Lebensmittelwirtschaft steht ja auch schlecht da. «Drei Viertel der befragten Verbraucher stimmen der Aussage zu, dass die Angaben auf der Verpackung Lebensmittel oft besser darstellen, als sie in Wirklichkeit sind», ergab 2013 eine repräsentative Umfrage der Göttinger Unternehmensberatung Agrifood Consulting im Auftrag der Verbraucherzentralen. Für viele Unternehmen ist das allerdings kein Grund, ihre Verpackungen zu ändern. Ganz im Gegenteil, sie arbeiten an immer raffinierteren Methoden der Vertuschung.

Gut beobachten lässt sich das im Deutschen Zusatzstoffmuseum in Hamburg. Das ist eine kleine, feine und liebevoll kuratierte Ausstellung über die Zaubertricks der Lebensmittelhersteller. Denen geht es vor allem darum, verhasste E-Nummern von den Zutatenlisten verschwinden zu lassen. Weil die nach böser Chemie klingen. «Clean Label» heißt das erklärte Ziel.

Im Zusatzstoffmuseum findet sich die Erklärung dafür, warum beispielsweise E210 (das ist der Konservierungsstoff Benzoesäure) oder der Geschmacksverstärker Natriumglutamat inzwischen seltener auf Zutatenlisten stehen. Die E-Nummer 210 putzen Lebensmittelhersteller beispielsweise von der Packung, indem sie spezielle Fruchtzubereitungen aus Blaubeeren verwenden. Die enthalten von Natur aus Benzoesäure, tauchen dann aber nur in unverfänglicher Form in der Zutatenliste auf – eben als Fruchtzubereitung. Und für Natriumglutamat stehen längst mehr als ein Dutzend Alternativen parat, die ebenfalls den Geschmack verstärken. Zunächst war es Hefeextrakt, inzwischen macht eine Essenz aus Tomatensaft Karriere. Der Name ändert sich, die Wirkung bleibt identisch. Chemie ist es in jedem Fall.

Das gilt erst recht für die Milch, die zu jeder Bullerbü-Idylle gehört wie dunkelrot gestrichene Schwedenhäuschen. Milch ist ein klassisches Naturprodukt und zugleich der Traum eines jeden Lebensmittelchemikers. Denn sie lässt sich im Labor in zahllose Bestandteile aufspalten, taucht auf Zutatenlisten aber immer nur als harmloses Milcherzeugnis auf. Dabei lassen sich aus Milchproteinen ebenfalls Geschmacksverstärker gewinnen, billige Fett-Ersatzstoffe basteln oder Konservierungsmittel für Würste. Sie lassen sich sogar in Fasern verwandeln, aus denen Unternehmen bereits heute Stoffe für Kleidung fertigen oder Teile für den Innenausbau von Autos. Kühe machen's möglich.

Bei genauer Betrachtungsweise verhält es sich mit Milch also nicht anders als mit Dihydrogenmonoxid. Beides ist Natur. Beides ist Chemie. Und zwar immer und überall. Es kommt lediglich darauf an, was genau man damit anstellt.

Käseschulden

Warum Probierhappen nur wenig mit probieren zu tun haben

Mögen Sie mal unseren Käse kosten?» Das kennen Sie. Ein Würfel, aufgespießt auf einem Zahnstocher, gerne national markiert mit einem Schweizer, französischen oder niederländischen Fähnchen. Eine Dame in weißer Schürze lächelt hinter einem kleinen Stand im Supermarkt. Sie zögern, zuzugreifen, zumindest wenn Sie nicht zu den rund zehn Prozent gehören, die sich in Experimenten zu Kooperationsverhalten als eiskalte Ego-Spieler outen. Denn Sie wissen ja bereits, bevor Sie probieren: Es wird Ihnen ein ungutes Gefühl bereiten, den Käse zu essen und dann ungerührt Ihren Einkaufswagen weiterzuschieben. Und zwar völlig egal, ob Ihnen das Produkt geschmeckt hat oder nicht, ob es Ihnen womöglich zu teuer erscheint oder Sie die Packungsgröße nicht mögen.

Die Käseprobe ist ein Marketing-Evergreen. Vermutlich gab es sie schon auf Märkten im Mittelalter. Der Betreiber eines Supermarktes im US-Bundesstaat Indiana erfand in den fünfziger Jahren eine besonders effektive Variante: Er bot seinen Kunden an, sich selbst ein beliebig großes Stück abzuschneiden. Sie durften probieren, so viel sie wollen, beschreibt es der frühe Konsumkritiker Vance Packard in seinem Buch «Die geheimen Verführer». Zwar kostete das den Supermarktinhaber ein paar Kilo seines Probierkäses. Zugleich aber verkaufte er binnen weniger Stunden fast eine halbe Tonne von dem eher mittelmäßig schmeckenden Produkt.

Der Begriff «Käseprobe» führt dabei allerdings in die Irre. Korrekt müsste es «Käseschulden» heißen.

Eine Parfümprobe, die einer Zeitschrift beiliegt, ist ein legitimer Versuch eines Unternehmens, sein Produkt bekannter zu machen. Niemand, dem der Duft nicht gefällt, wird auf die Idee kommen, umgehend in den nächsten Parfümladen zu gehen und die Firma für ihre Marketinginvestition zu entschädigen. Ein freundlich aufgedrängter Happen im Supermarkt allerdings ist ein Appell an das tief in der menschlichen Psyche verankerte Prinzip der Reziprozität. Wenn wir beschenkt werden, geben wir etwas zurück. Wenn wir gegen diese Regel verstoßen, fühlen wir uns unwohl, denn wir verstoßen gegen eine soziale Norm. Der französische Anthropologe Marcel Mauss beschrieb die Konventionen rund um das Schenken mit dem Satz: «Es gibt eine Verpflichtung zu schenken, die Verpflichtung anzunehmen und die Verpflichtung zurückzuzahlen.» Der Probierende zahlt also seine Schuld mit einem Kauf zurück, den er ohne die Probe wahrscheinlich gar nicht tätigen würde.

So simpel der Trick ist, so gut wirkt er bis heute. Das belegen unter anderem Experimente des Verhaltenspsychologen Dennis Regan von der Cornell University. Der ließ Testpersonen vorgeblich die Qualität von Malerei bewerten. In Wahrheit ging es um etwas anderes.

Während einer Pause ging Regans Assistent kurz aus dem Raum. In einem Fall kam er bald darauf mit zwei Colas zurück. Er habe Durst gehabt und dem Gast selbstverständlich auch eine mitgebracht, sagte er. Keiner der Probanden lehnte das Geschenk ab. Bei den anderen Probanden kam der Assistent ohne Cola zurück, und die «Kunstbewertung» ging in freundlicher Stimmung einfach so weiter.

Am Ende der vorgeschobenen Aufgabe, während er die Testpersonen zum Ausgang geleitete, erklärte der Assistent: Er verkaufe übrigens gerade (wie in den USA verbreitet) Lotterielose für einen guten Zweck. Ob Interesse bestehe? Wenig überraschend, dass die mit einer Cola beschenkten Probanden häufiger und mehr Lose kauften. Erstaunt war Studienleiter Regan jedoch darüber, dass es die doppelte Menge war. Und völlig unerwartet war die Erkenntnis, dass die Sympathiewerte des Assistenten keinen Einfluss auf den Losverkauf hatten. Die gefühlte Verpflichtung, eine offene Schuld zu begleichen, war viel stärker als die Bedeutung von Sympathie oder Antipathie. Das ergab eine spätere Auswertung der Fragebögen, die die Studienteilnehmer ausfüllen mussten.

Beim Käse ist das genauso. Auch am sogenannten Probierstand gilt die Analyse des Archäologen Richard

Leakey: «Wir sind Menschen, weil unsere Vorfahren gelernt haben, ihr Essen zu teilen – und ihre Fähigkeiten zusammenschließen in einem Netz gegenseitiger Verpflichtungen.» Erschwerend kommt hinzu: Die jungen Damen oder Herren hinter den Probierständen sind ja in der Regel auch noch sehr sympathisch ...

Das Rätsel der Küchenrolle

Wie man Preisvergleiche unmöglich macht

Es ist keiner dieser Momente, in denen das eigene Leben wie ein Film am geistigen Auge vorüberzieht. Trotzdem verläuft auch er wie in Zeitlupe: Wenn das volle Glas Orangensaft auf dem reich gedeckten Frühstückstisch beim unaufmerksamen Griff nach der Marmelade mit dem Ellenbogen gestreift wird und zunächst ganz langsam zu kreiseln beginnt. Unfähig, sich zu rühren, müssen Sie wie gelähmt und mit aufgerissenen Augen mit ansehen, wie die Bögen größer und größer werden, der Schwung das Glas mehr und mehr aus der Balance bringt. Alles passiert ganz langsam. Sie wissen genau, welches Drama sich gleich über Ihren Frühstückstisch ergießen wird. Aber Sie können es nicht mehr aufhalten.

Sie können es nur noch wegwischen.

Orangensaft gehört zu den fiesesten Dingen, die man im Alltag verschütten kann. Er hinterlässt üble Flecken und eine klebrige Schicht. Also müssen Sie schnell sein, rennen in die Küche, holen eine Rolle Küchenpapier, die Sie im Supermarkt oder in der Drogerie gekauft haben, und machen sich wischend ans Werk.

Wahrscheinlich haben Sie sich die Frage nie gestellt, ob Sie mit Ihrem Küchenpapier zufrieden sind. Ebenso wenig wie die Frage, ob Sie eher ein Falter oder ein Knüller sind. Also jemand, der sein Küchenpapier vor der Benutzung zusammenfaltet oder lieber zusammenknüllt. Und ob das einen Unterschied macht beim Aufnehmen von 0,2 Liter Orangensaft auf dem Frühstückstisch.

In der Werbung schaffen das die lachenden Hausfrauen (es sind nie Männer!) mit ihren weißen Blusen immer mit nur einem Blatt. Ich weiß ja nicht, wie es Ihnen geht, aber ich brauche immer etwa mindestens einen halben Meter von der Rolle. Liegt das an mir? Oder habe ich schlechtes Küchenpapier gekauft?

Seither geht mir diese Frage nicht mehr aus dem Kopf. Bei jedem Einkauf versuche ich, sie zu beantworten – scheitere aber jedes Mal. Die Qualität von Küchenrollen einigermaßen objektiv zu beurteilen, ist nämlich nahezu unmöglich. Insbesondere das Preis-Leistungs-Verhältnis bleibt ein Geheimnis. Was man für sein Geld bekommt, ist ohne Studium der Mathematik und sehr viel Zeit kaum herauszufinden. Ich wette, das ist pure Absicht.

Küchenrollen sind vom Wesen her verbraucherfeindlich.

Erinnern Sie sich, dass auf den Preisschildern im Supermarkt immer Vergleichspreise angegeben sind? Bei Käse finden Sie dort zum Beispiel den 100-Gramm-Preis. Der sogenannte Grundpreis soll Ihnen helfen herauszufinden, ob dieser Käse im Vergleich billig oder teuer ist. Bei Wurst ist das auch so, bei Marmelade, Joghurt, Dosenobst und vielen anderen Dingen. Es gibt sogar ein Gesetz dafür, die Preisangabenverordnung.

Bei Küchenrollen greift das Gesetz ins Leere. Was die Hersteller vermutlich ausnutzen, um Verbraucher wie mich komplett zu verwirren. Marken wie Zewa, Bounty oder Dick & Durstig sind da nicht anders als jede beliebige Discounter-Hausmarke. Es geht schon bei den Packungsgrößen los: Drin stecken mal zwei, mal drei und mal vier Rollen, manchmal sogar acht. Je nach Anbieter besteht eine Rolle mal aus 45 Blatt, mal aus 48, 51, 70 oder gar 102 Blatt. Die Tücher sind bei den verschiedenen Herstellern aber nicht alle gleich groß, manche sind quadratisch, manche rechteckig oder sogar sehr schmal perforiert – für die «kleine» Sauerei am Frühstückstisch. Damit nicht genug, denn zu allem Übel sind manche einlagig, während andere aus zwei oder drei Lagen bestehen.

Sie sehen schon, warum ich verwirrt bin. Ein Grundpreis je 100 Gramm kann hier nicht funktionieren, ebenso wenig wie die Angabe der Kosten pro Blatt. Und jetzt rechnen Sie am Samstagvormittag in einem brechend vollen Supermarkt voller drängelnd-genervter Kunden mal in Ruhe aus, ob ein Viererpack Küchenrollen mit je 102 zweilagigen Blättern in Zwei-Drittel-Größe wirklich einen 23 Prozent höheren Preis rechtfertigt als eine Zweierrolle mit jeweils 54 dreilagigen Tüchern in voller Größe. Viel Spaß.

Bei Küchenrollen können Sie nur verlieren, glauben Sie

mir. Wenn Sie Zeit und Muße haben, das auszurechnen, sind Sie wahrscheinlich inselbegabt oder ein Mathegenie. Oder Sie sind ein sehr reinlicher Mensch, der niemals ein Glas Orangensaft umstößt oder sonst etwas. Dann haben Sie meine Anerkennung.

Immerhin kosten selbst die teuersten Küchenrollen nicht so viel Geld, dass man sich durch einen Fehlkauf ruinieren könnte. Da gibt es vielversprechendere Ansätze. Allerdings illustriert dieses praktische Beispiel sehr schön, wie man als Hersteller komplette Verwirrung stiften und Verbraucher ganz wunderbar an der Nase herumführen kann.

Mein persönlicher Ausweg aus dem Dilemma ist, jedes Mal eine andere Packung von einem anderen Hersteller mitzunehmen. Auf diese Weise kaufe ich ganz automatisch mal die teuersten und mal die billigsten Küchentücher. Im Durchschnitt bezahle ich für mittlere Qualität einen mittleren Preis, und das ist okay für mich. Immerhin werde ich so nicht abgezockt. Dass ich zugleich auf Schnäppchen verzichte, ist es mir wert. Immerhin verschaffe ich mir Seelenfrieden.

Fliegende Eier

Wie man Globalisierung als regionales Produkt tarnt

Jeder kommt von irgendwoher. Ich zum Beispiel komme aus einer ländlichen Region. Dort gibt es kleine Städte und Dörfer. Es gibt auch Felder, Äcker, Wiesen und Weiden. Und Bauern, die das alles bewirtschaften. Sie bauen Zuckerrüben an, Raps und Mais, Kartoffeln, Salat und Erdbeeren und noch viel mehr. Und manchmal stellen sich diese Bauern mit einem kleinen Stand an die Landstraße, wo sie ihre Ernte verkaufen.

Wenn ich dort alle paar Samstage mal wieder mit dem Auto vorbeifahre, halte ich oft an einem dieser Stände an, kaufe etwas und fühle mich gut. Erstens habe ich direkt beim Bauern gekauft statt in einem anonymen Supermarkt. Und zweitens habe ich ein regionales Produkt erworben, das nicht aus einem spanischen Gewächshaus per Lkw oder aus Neuseeland per Schiff zu mir kommen musste. Damit bin ich in guter Gesellschaft. Sieben von zehn Konsumenten kaufen ganz bewusst mehrmals im Monat regionale Lebensmittel, jeder zweite tut das sogar wöchentlich. Das hat eine Studie der Unternehmensberatung A.T. Kearney ergeben. Regionalität ist für viele von uns inzwischen sogar wichtiger als ein Biosiegel.

Das fühlt sich gut an. Nach Heimat. Nach kurzen Transportwegen. Nach Umweltschutz und der Förderung der lokalen Wirtschaft. Ist aber ziemlich naiv.

Gemerkt habe ich das aber erst auf einem Flug von Hamburg nach Amsterdam, als mir die Flugbegleiterin von KLM den Bordsnack servierte. Es war ein Toastbrotsandwich mit Ei, und es steckte in einer kleinen Pappschachtel, die im Design einer Holzkiste gehalten war. Außerdem war sie rundherum bedruckt. Der Tierschutz wurde gepriesen. Die Rettung des Planeten wurde für notwendig erachtet. Dem Huhn wurde gedankt. Und auch den Bauern, die dafür sorgten, dass ihre Legehennen jeden Tag einen guten Tag und auch ansonsten ein schönes Leben hätten.

Ich finde, dass jeder einen guten Tag haben sollte. Auch das Huhn, das das Ei für mein Sandwich gelegt hat. Ich nehme an, dass es ganz in der Nähe lebte, denn auf der Pappschachtel konnte ich gleich dreimal lesen, dass dieses Sandwich von regionalen Bauern produziert worden sei.

An Bord eines Flugzeugs, das in diesem Moment in 10 000 Meter Höhe und mit mehr als 800 Stundenkilometern binnen weniger Minuten die gesamte norddeutsche Tiefebene überquert, entbehrt das Bekenntnis zu regionalen Produkten nicht einer gewissen Komik. Zudem stellte ich fest, dass das Sandwich aus einer niederländischen Region kommen musste. Es war offenbar zunächst von Amsterdam nach Hamburg gereist, nur um mit mir quasi auf seinem Heimweg gegessen zu werden. Ob die Hühner das wissen?

Überhaupt wird viel Unsinn mit regionalen Produkten getrieben. Sie werden das vielleicht nicht kennen, aber in Hamburg gibt es eine Supermarktkette, die Lebensmittel unter der Marke «Unser Norden» vertreibt – «aus der Region, für die Region». Milch und Käse wären ja auch okay, aber hätten Sie Orangensaft, Kaffee und Tee erwartet? Oder Schokolade? Aus der Region? Also aus dem Großraum Hamburg? Um ein regionales Lebensmittel herzustellen, reicht es offenbar schon, Orangensaft aus Brasilien zu importieren und irgendwo in Norddeutschland in Tetrapaks zu füllen. Schon haben wir die Globalisierung versteckt und ein Gefühl von Heimat erzeugt.

Ich nenne das den Piemontkirschen-Effekt. Das ist die Kirsche, die in den Mon-Chéri-Pralinen steckt, die im Fernsehen immer beworben werden. Kirschen gibt es wirklich, und auch das Piemont. Das ist eine Region in Italien, und man schmeckt fast schon die Sonne des Südens. Dabei kauft der Hersteller Ferrero seine Kirschen überall auf der Welt ein, wie er – im Kleingepixelten auf seiner Website – sogar offen zugibt.

Derlei Phantomzutaten sind in der Industrie weit verbreitet. Schauen Sie mal ins Markenregister, da finden Sie all die schönen Begriffe, die uns eine Illusion von Regionalität vermitteln sollen. Zum Beispiel die Küstengerste, mit der eine norddeutsche Brauerei wirbt. Oder Byzantiner Königsnüsse, die bloß ganz normale Haselnüsse sind. Oder Sie gehen zu McDonald's, wo seit einiger Zeit Fleisch vom Simmentaler Rind verwendet wird.

Woran denken Sie jetzt? Sicher nicht daran, dass das Simmentaler Rind nur eine andere Bezeichnung für das ganz normale Fleckvieh ist. Das ist die globale Standardkuh. Von ihr stehen derzeit etwa 41 Millionen Stück auf den Weiden der Welt, und zwar in gut einem Dutzend Länder. In Deutschland sind es einige hunderttausend Exemplare. Simmentaler Rind klingt nur besser als klassisches Massenvieh. Dann können wir Restaurantbesucher uns beim Biss in den Burger in aller Ruhe das Simmental als heitere Heidi-Almwiese mit schneebedeckten Berggipfeln irgendwo in den Alpen vorstellen.

Und das ist auch der Grund, warum wir wirklich regionale Lebensmittel kaufen. Die Unternehmensberater von A.T. Kearney haben herausgefunden, dass wir damit in erster Linie eine höhere Qualität und besseren Geschmack verbinden. Ob das nun stimmt oder nicht.

McDonald's wirbt übrigens damit, dass schon früher adlige Feinschmecker wie der Papa von Kaiserin Sissi und Spitzenköche noch heute das Simmentaler Rind schätzen. Ich kenne zumindest einen, auf den das nicht zutrifft. Der Mann hat mehrere Michelin-Sterne und steht auf der Weltrangliste der besten Köche ziemlich weit oben. Wenn es jemand weiß, dann er. Und er hat mir etwas gesagt, das ich mir immer dann in Erinnerung rufe, wenn mir irgendwer mit Heimatgefühlen kommt und das Loblied auf irgendeine Region anstimmt. Der Koch sagt, dass es gar nicht darauf ankomme, wo etwas hergestellt wird. Schlechte Qualität lasse sich nämlich überall auf der Welt produzieren.

Limitierte Edition aus kontrolliertem Anbau

Warum wir uns von wohlklingendem Blödsinn einlullen lassen

Lassen Sie uns diese Reise in die an Wundern so reiche Konsumwelt in Berlin beginnen. In einem dieser kleinen hippen Läden in diesem hippen Stadtviertel, von dem Sie sicher schon gehört haben (falls Sie nicht ohnehin dort wohnen): dem Prenzlauer Berg.

Der bildet schon seit Jahren das kreative Zentrum der Hauptstadt. Dort leben junge und smarte Menschen, die sich ständig ganz verrückte Dinge einfallen lassen. Es gibt solche Menschen zwar auch woanders, aber in Berlin ist das etwas Besonderes. Schließlich ist Berlin, das dürfen wir seit vielen Jahren in vielen Medien lesen, eine pulsierende und vibrierende Metropole, die sich immer wieder neu erfindet. Und genau das haben die Prenzlberger mit den Produktdesignern der Lebensmittelkonzerne gemein. Die erfinden auch ständig alles neu.

Der Neuerfindungsreichtum der Berliner lässt sich am besten anhand von Nudeln erklären. Nur ist das nicht so, dass man als Angehöriger des Prenzlauer Bergvolkes einfach Nudeln machen würde. Dann wäre man nämlich ein

Nudelmacher, und Nudelmacher zu sein ist so ziemlich das Uncoolste auf der ganzen Welt. Deswegen nennt man seine Nudeln italienisch Pasta und verwandelt das Ausrollen von Teig sprachlich in eine Manufaktur. Schon ist aus der Nudelmacherei eine Pasta-Manufaktur geworden. Das ist sehr kreativ in Städten, die pulsieren, vibrieren und sich ständig neu erfinden und schon für sich allein genommen Grund genug, dort mal wieder einzukaufen.

Das Beispiel zeigt: Namen und Begriffe erzeugen Gefühle. Sie öffnen Herzen ebenso wie Geldbeutel, auch wenn sie völlig inhaltsleer sind. Der Klang ersetzt die Substanz. Weil das die Leute aber recht schnell durchschauen, geht die Neuerfindung immer wieder von neuem los. Und falls Sie sich mal gefragt haben, wie eigentlich Innovationen entstehen, kennen Sie jetzt die Antwort. Nun verstehen Sie, warum die Berliner Pasta-Manufakturen inzwischen geschlossen und durch Pasta-Schmieden ersetzt wurden, die ihrerseits von Pasta-Werken abgelöst werden. Da steht zwar auch bloß wieder einer rum und macht Nudeln, aber immerhin ist da jetzt Bewegung drin.

Niemand muss nach Berlin fahren, um solche Dinge zu erleben. Dazu reicht ein normaler Wochenendeinkauf. Das ständige Neu-Betexten von immer demselben Zeug hat nämlich auch im Supermarkt eine lange Tradition, und zwar bundesweit. Was toll klingt, entpuppt sich bei näherem Hinsehen oft als völlig sinnfrei. Einziger Zweck ist, uns einzulullen und zum Kauf zu bewegen.

Eine dieser Floskeln ist die vom «kontrollierten Anbau».

Sie findet sich fast auf allen Produkten, die mit Agrarrohstoffen zu tun haben, also mit Kartoffeln oder Getreide. Was sehr interessant ist, da schon seit etwa der Zeit, als die Jäger und Sammler beschlossen, Ackerbau und Viehzucht zu betreiben, also schon seit vielen tausend Jahren, nichts anderes mehr stattfindet. Jedes Getreidefeld wird heute vom Landwirt akribisch beobachtet. Hunderttausend Dinge müssen beachtet werden, wie Feuchtigkeit, Schädlingsbefall und vieles mehr. Das ist Kontrolle pur, und außerdem wette ich, dass Sie nirgendwo unkontrolliert angebaute Kartoffeln kaufen können. Fragen Sie mal in Ihrer örtlichen Getreide-Schmiede nach, falls bei Ihnen mal eine aufmacht. Oder wenden Sie sich an einen Nudelmacher, der wird Ihnen das bestätigen.

Vielleicht erkundigen Sie sich bei der Gelegenheit auch nach der «verbesserten Rezeptur». Diese Floskel wird gern bei Dingen mit mediterranem Bezug verwendet, beispielsweise bei Nudelsoßen im Glas. Wahrscheinlich finden Sie diese als Beiprodukt in Berliner Pasta-Werken. Wichtig zu wissen ist, dass die Verbesserung in der Regel bloß betriebswirtschaftlich erfolgt. Man ersetzt zum Beispiel das zuvor verwendete Olivenöl zu 95 Prozent durch billiges Palm- oder Rapsöl, darf aber wegen der verbleibenden fünf Prozent noch großspurig «Mit echtem Olivenöl» auf die Packung schreiben. Ist ja nicht falsch, es ist ja tatsächlich noch etwas drin. Und verbessert ist die Rezeptur auch, schließlich spart man bei der Herstellung Geld und verdient besser. Wer will, druckt dann noch «Neues

Rezept, alter Preis» aufs Soßenglas. Auch das ist absolut korrekt.

Echte Profis setzen ihre Kunden zu guter Letzt noch mit Sprüchen wie «Nur solange der Vorrat reicht» oder der berühmten «limited edition» unter Druck. Nichts fürchten Menschen mehr als leer auszugehen, das war schon in den genannten Zeiten von Ackerbau und Viehzucht so.

Angesichts des gegenwärtigen Massenkonsums und der drohenden Überfettung ganzer Gesellschaftsschichten sieht es aber so aus, als wären von allem mehr als genügend Vorräte vorhanden. Sonst wären die Leute nicht so dick. Niemand muss also in einer angesagten Berliner Pasta-Manufakturschmiede ein Glas Pesto mit verbesserter Rezeptur allein deswegen kaufen, weil es morgen angeblich keines mehr gibt. Keine Panik.

Kluge Konsumenten erinnern sich in solchen Situationen an die weisen Worte des amerikanischen Comedians Jerry Seinfeld. Der hat mal gesagt, dass «limited editions» einzig beschränkt sind auf die Menge, die sich verkaufen lässt. Und wenn das getan ist, erfindet man einfach irgendeinen neuen Krempel.

KAPITEL 2

Im Wellness-Rausch

Der wahre Preis für Schönheit, Gesundheit und Lebensglück

Wimperntusche mit Black-Boom-Volume-Effekt

Wie Kosmetikhersteller unsere Badezimmer vollstopfen

Auf dem Etikett sehen Sie einen reifen Pfirsich, ein Stück Maracuja und auch ein paar Cranberries. Bunt und prall kullern sie herum, sanft umspült von einer kleinen weißen Welle, zu der ein kleines grünes Minzblatt einen angenehmen farblichen Kontrast bildet. Was haben Sie vor sich? Einen Becher mit Fruchtjoghurt? Ein neuartiges Milch-Mix-Getränk?

Falsch. Wahrscheinlich stehen Sie gerade unter der Dusche und halten eine Flasche mit Duschgel in der Hand. Ich nenne es Duschobst.

Haben Sie schon einmal über die erstaunlichen Parallelen bei der Gestaltung von Duschgel- und Joghurtverpackungen nachgedacht? Wahrscheinlich steht bei Ihnen daheim längst mehr Obst im Badezimmer als in der Küche. Duschobst gibt es in jeder Preisklasse und Obstsorte. Oft sieht das Etikett der Plastikflasche so lecker aus, dass man es abziehen und problemlos an einen Joghurtbecher oder auf einen Tetrapak Multivitaminsaft kleben könnte.

In meiner Drogerie gibt es Duschobst auch in den

Sorten Orange, Pfirsich, Weintraube, Papaya, Aprikose, Grapefruit, Birne, Zitrone, Honigmelone, Passionsfrucht, Guave, Feige, Heidelbeere und Kiwi-Mango mit Granatapfel-Kernen. Na ja, Obst ist gesund, das wissen wir. Aber warum sollten wir dann annehmen, nur weil etwas gesund ist, müssten wir uns damit auch gut waschen können? Gemüse ist ebenfalls gesund, aber versuchen Sie mal, Duschgemüse zu kaufen. Das ist deutlich schwieriger.

Was ich eigentlich sagen will, ist: Es gibt da eine Theorie, nach der alles mit allem irgendwie zusammenhängt. Bei Fruchtjoghurt und Duschgel ist das definitiv der Fall, und erklären kann ich mir diese Verbindung auch nicht. Also muss die Theorie stimmen.

Es gibt ja noch viel mehr unerklärliche Gemeinsamkeiten bei komplett unterschiedlichen Produkten. Zufall oder nicht: Alle haben mit dem Badezimmer zu tun.

Haare und Autos zum Beispiel.

Ich besitze ein Shampoo, das 7 Repair-Leistungen verspricht. Das ist mehr als meine Autowerkstatt je zustande gebracht hat. Überhaupt sind viele Shampoos offenbar nur dazu da, etwas zu reparieren. Ständig gehen Haare kaputt, sie brechen und splittern ohne Pause. Und wenn sie mal heile sind und dann noch schön sein sollen, gönne ich ihnen eine Dosis Alpecin. Richtig: Das sind die, die Shampooflaschen in Motoröl-Optik mit dem Spruch «Tuning für die Haare» verkaufen. Manchmal frage ich mich morgens, ob ich noch unter der Dusche stehe oder schon auf der Hebebühne meiner Werkstatt liege.

Sinnigerweise läuft es beim Auto genau umgekehrt. Während ich Haare nur mit Tuning sauber kriege, soll ich für ein funkelndes Auto extra Lackpflege mit Spezialshampoo kaufen. Gibt's im Standardprogramm jeder Waschanlage, inklusive Trockenfönen. Statt zur Jahresinspektion fährt der Golf zum Check-up. Sie sehen schon, wohin das führt. Alles hängt mit allem zusammen: Duschgel mit Joghurt. Shampoo mit Autos.

Und Wimperntusche mit Haargel.

Wimperntusche ist ein typisches Frauenprodukt, Haargel richtet sich eher an Männer. Frauen wollen schwarze und lange Wimpern, Männer eine in Form bleibende Frisur. Vermarktet werden beide Produkte jedoch auf ähnliche Weise: mit immer absurderen Superlativen und der Steigerung des Unsteigerbaren. Schließlich muss jede Produktinnovation mehr bieten als die vorherige.

Hersteller von Wimperntusche erfinden ständig neue Schwarztöne, die jeweils noch viel schwärzer sein sollen als alles bisher Dagewesene. Aktuell zu haben in den Varianten Fatal Black, Mystic Black, Black Out, Black Drama, Blackest Black oder – den würde ich nehmen, wenn ich eine Frau wäre – Killer Black Big & Beautiful Boom Volume Mascara.

Bei Haargel steht oft eine Zahlenreihe auf der Tube. Meist reicht sie von Eins bis Fünf, manchmal auch bis Sieben, wobei regelmäßig die letzte oder vorletzte Zahl hervorgehoben ist. Das soll die besondere Festigkeit symbolisieren. Allerdings hat kein Hersteller Produkte in allen

Härtegraden im Angebot, sondern meist immer nur in einem. Hinzu kommt Werbeprosa wie aus dem Steinbruch: Superfest. Extrafest. Ultrafest. Steinhart. Betonfest. Wichtig ist der Hinweis «verklebt nicht», der auf keiner Tube fehlen darf – auch nicht auf dem «Superkleber» genannten Haargel von Schwarzkopf. Das ist ein Kleber, der nicht klebt, das aber in Höchststärke. Das verstehe, wer kann. Ich kann es nicht.

Bis zu 70 Prozent auf alles

Die kleinen Psychospielchen der Modehändler

Magnete sind faszinierend. Korrekt angewandt, wirken sie auf geradezu magische Weise anziehend. Sie überwinden die Schwerkraft. Bis sie schließlich zusammenkleben. Klack! Dreht man einen von ihnen jedoch um, dann stoßen sich die beiden Pole ab. Dann funktioniert der magische Trick genau andersherum.

Dieses Prinzip können Sie auch im Alltag zu Ihren Gunsten anwenden. Die Gesetze von Anziehung und Abstoßung gelten nämlich nicht nur in der Physik, sondern auch beim Einkaufen.

Wie sie wirken, können Sie ganz leicht herausfinden. Gehen Sie mal durch eine beliebige Fußgängerzone oder ein Shoppingcenter. Vielleicht tun Sie das im Frühjahr oder im Herbst, wenn Sie ein neues Must-have, ein Essential oder irgend so ein Basic-Teil zum Anziehen kaufen wollen. Oder wie auch immer der aktuelle heiße Scheiß gerade genannt wird, den Sie kaufen sollen. Dann werden Sie sie besonders leicht spüren – die magnetische Kraft der Rabattschilder.

In der Regel sind sie rot, kreisförmig, sehr groß und kleben auf den Schaufensterscheiben. Dort steht dann etwa «bis zu 70 Prozent auf alles», oder, wenn Sie eher im Niedrigpreissegment unterwegs sind, «alles ab 9,99 Euro». Wirkt aber beides gleich gut, nämlich anziehend. Spüren Sie schon, wie Sie sich dem Ladeneingang nähern? Schwupps, sind Sie drin. Und kleben am Klamottenständer wie der Magnet an der Kühlschranktür.

Viele Wissenschaftler haben sich schon mit diesem Thema befasst, unter anderem ein Forscherteam um Rebecca Naylor von der University of South Carolina. Das Ergebnis einer Reihe von Tests war erstaunlich: «Wir gehen davon aus, dass der Kontakt mit Rabattversprechen spontane positive Assoziationen auslöst, die als Informationen verarbeitet werden», befanden die Marketingexperten. Interessanterweise werde diese positive Einstellung auch auf Produkte übertragen, die gar nicht mit Preisnachlässen beworben wurden.

Kurz gesagt: Wir haben im Laufe vieler Jahre gelernt, dass mit Rabatten ausgezeichnete Produkte tatsächlich im Preis herabgesetzt waren. Dieser Zusammenhang hat sich so stark ins kollektive Bewusstsein eingeschliffen, dass sogar schon ein Schild mit der Aufschrift «Sale» reicht, um uns in wohlige Schnäppchenlaune zu versetzen und uns in den Laden zu locken.

Um mehr geht es eigentlich gar nicht. Und das funktioniert so lange, bis wir auch diesen Teil des Verkaufsspiels gelernt haben. Vielleicht finden Sie im Laden ja auch, was Sie gesucht haben. Wahrscheinlich aber nicht. Und wenn doch, dann nicht um 70 Prozent reduziert. Aber da Sie schon einmal drin sind, nehmen Sie sicher etwas mit. Vielleicht nur eine Kleinigkeit. Auch wenn Sie die gar nicht gesucht haben. Zum Normalpreis.

Wie kommt das? Und was können Sie dagegen tun?

Entspannen Sie sich. Die Rabatt-Aufkleber haben Sie vermutlich längst vergessen, sobald Sie im Geschäft stehen (deswegen sieht man sie ja nur von außen). Wenn Sie aber trotzdem dran denken, werden Sie vermutlich nur ein einziges Produkt finden, dessen Preis um 70 Prozent reduziert ist. Etwas, das so gut wie niemand haben will. Hellgrüne Damensocken in Größe 41 zum Beispiel. Statt 19,99 Euro nur noch 5,99 Euro. Ein Schnäppchen. Fühlen Sie sich nicht betrogen! Man hat Ihnen die Wahrheit erzählt. «Bis zu 70 Prozent auf alles» sind eben nur «bis zu». Selbst wenn im ganzen Laden nur ein einziges Teil reduziert ist, also beispielsweise das grüne Paar Socken, ist diese Aussage schon richtig.

Glücklicherweise lässt sich dieser Anziehungskraft widerstehen. Und nicht nur das, sie lässt sich sogar umkehren. Auf mich persönlich wirkt es abstoßend, wenn ich weiß, dass ich angezogen und in einen Laden gelockt werden soll. Dann gehe ich nicht hin, und zwar schon allein aus dem Grund, weil jemand mich genau dazu bringen will. Zwar spüre ich den Drang und glaube, ein Schnäppchen machen zu können. Sobald meine Augen aber die – typischerweise klein gedruckten – Worte «bis zu» und «alles ab» sehen, kann ich widerstehen.

Versuchen Sie es doch mal. Die Umkehrung der Anziehungs- in eine Abstoßungskraft funktioniert ganz einfach und lässt sich trainieren. Stellen Sie sich beim Anblick der Schaufenster einfach hellgrüne Damensocken vor oder etwas anderes, das Sie nicht einmal geschenkt bekommen möchten.

Alles andere geht irgendwann automatisch, dann haben

Sie gelernt zu widerstehen. Und wenn selbst dieser Trick nicht hilft, gibt es noch einen zweiten. Mit dem lassen sich nicht nur bis zu 70 Prozent sparen, sondern sogar 100 Prozent, und das mit Sicherheit: Lassen Sie das Zeug einfach liegen.

Salze, Kugeln, Zaubertränke

Die Apotheke als magischer Ort

Im Märchen entdeckt Alice den Weg ins Wunderland am Fuße eines Baumes. Durch ein Erdloch gelangt sie in eine bizarre Welt voller Spinner, Freaks und sonstiger abgedrehter Typen, in der die Naturgesetze ebenso wenig gelten wie der gesunde Menschenverstand. Im Wunderland scheint alles möglich zu sein. Es gibt dort grinsende Katzen, laufende Spielkarten, psychoaktive Pilze und Zaubertränke, die Menschen nach Belieben größer oder kleiner machen können.

Die gute Nachricht: Wenn auch Sie sich der Realität verweigern und Ihr ganz persönliches Wunderland finden wollen, müssen Sie nicht durch ein dreckiges Erdloch krabbeln. Spazieren Sie einfach in die Innenstadt und betreten Sie eine beliebige Apotheke. Sie erkennen Apotheken am typischen Schild, auf dem ein großes rotes A abgebildet ist – A wie Alice. Ganz einfach zu merken. Und ebenso wie das kleine Mädchen am anderen Ende des Erdlochs eine Welt voller Zauber vorfindet, können auch Sie eine Apotheke als magischen Ort erleben.

Lassen Sie Ihren Blick streifen durch jene Regalreihen, die typischerweise gleich hinter dem Eingang stehen. Dort finden Sie Produkte mit verlockenden Verheißungen, gegen die die Geschichten des verrückten Hutmachers aus dem Märchen so nüchtern wirken wie der Vortrag eines Gemeinderatsmitglieds zur Reform der kommunalen Selbstverwaltung.

Da gibt es Anti-Age-Elixire und Urtinkturen, Thermalwasser-Schutzsprays gegen freie Radikale und Raumdüfte zur Förderung der Konzentration. Neben dem regenerierenden Serum gegen temporären Haarausfall steht die Mental-Nahrungsergänzung mit Mikronährstoffen und der Kräutertee für mehr Gelassenheit. Und so weiter.

Auch wenn es nicht unbedingt explizit gesagt wird, sind die Botschaften oft eindeutig: ewige Jugend, faltenfreie Haut, eine Bikinifigur im Handumdrehen und vieles mehr – alles am besten noch rein pflanzlich in Tiegeln zusammengestoßen, wie man es aus mittelalterlichen Illustrationen von alchemistischen Hexenküchen kennt. Oder aus dem großen Topf von Miraculix. Sie wissen schon, der Druide aus den Asterix-Geschichten. Der mit dem Zaubertrank.

Meiner persönlichen Erfahrung nach nimmt derartiges Zeug in den meisten Apotheken den größten Teil der Ladenfläche ein. Typischerweise muss man als Kunde erst einmal die damit vollgestopften Bereiche durchqueren, bevor man an den Tresen gelangt. Schon seltsam, wo doch die Apotheke eigentlich ein Ort der Wissenschaft sein sollte. Und eigentlich dazu da ist, Medikamente abzugeben, um kranke Menschen wieder gesund zu machen.

Diese Produkte aber holt der Apotheker immer aus einer Schublade oder aus dem Hinterzimmer. Nie aus den vorderen Regalen.

Dafür gibt es viele Gründe. Den zum Beispiel, dass man für rezeptpflichtige Arzneimittel keine Werbung machen darf. Wer ernsthaft krank ist, soll sich für ein Medikament eben nicht anhand einer bunten Verpackung, lustiger Fernsehspots oder schöner Plakate entscheiden, die die Pharmakonzerne von Werbeagenturen fabrizieren lassen. Die Wahl ist Sache der Profis. Und zu denen gehören Apotheker genauso wie Ärzte.

Über Pillen, Salben und Tinkturen wissen Apotheker also ziemlich gut Bescheid. Schließlich haben sie Pharmazie studiert und sind naturwissenschaftlich auf der Höhe der Zeit. Allerdings sind Apotheker auch Profis im Verkauf und unterscheiden sich insofern nicht allzu sehr von Gebrauchtwagenhändlern oder Möbelverkäufern. Gute Verkäufer geben den Kunden, was sie wollen.

Man darf sich dennoch fragen, warum sie so viele Salze und Kügelchen verkaufen. Ich habe in verschiedenen Apotheken mal nachgefragt, wie sich das eigentlich miteinander verträgt: die wissenschaftlich-pharmazeutische Ausbildung und der Verkauf von Produkten, deren Wirksamkeit bestenfalls auf völlig unwissenschaftliche Art getestet wurde. Oder sogar widerlegt wurde. Eine klare Antwort habe ich zwar nie bekommen, aber es macht schon Spaß, Apotheker in Verlegenheit zu bringen. Versuchen Sie es doch auch mal.

Grob gesagt und nur als Faustregel für kluge Konsumenten in der Apotheke: Alles, was bunt oder irgendwie wissenschaftlich aussieht und von Ihnen direkt aus dem Regal genommen werden kann, ist mit hoher Wahrscheinlichkeit Hokuspokus. Klar, vielleicht gefällt es Ihnen und vermittelt Ihnen ein wohliges Gefühl. Allerdings wirkt es auch nicht. Falls doch, dann höchstens durch den Placeboeffekt, der dadurch verstärkt wird, dass das Zeug von einem Menschen in einem Kittel verkauft wird, der es eigentlich besser wissen müsste.

Im Fall von Kosmetik ist die Sache ganz einfach. Zwar landen immer wieder Streitfälle vor Gericht, aber eigentlich ist die Abgrenzung zwischen Kosmetik und Arznei ganz einfach. Dem Gesetz nach ist ein Produkt immer dann ein Arzneimittel, wenn es eine «pharmakologische, immunologische oder metabolische Wirkung» auf den Körper hat. Denken Sie daran, wenn Ihnen eine Hautcreme wieder einmal «Zellerneuerung» oder ähnlichen Quatsch verspricht.

Wirkt also etwas, dann muss es als Arzneimittel getestet und zugelassen worden sein. Was wiederum sehr teuer und aufwendig ist, und zum Leidwesen der Hersteller dann auch nicht ohne weiteres überall verkauft werden darf. Der Umkehrschluss löst auch das Rätsel der großen, bunten und magischen Abteilung in jeder Apotheke: Je offensiver Ihnen etwas angepriesen wird und je größer die Verheißungen sind, desto weniger wahr sind sie. Ein Wunderland ist eben niemals real.

Dermatologisch getestet

Angst vermeiden mit Pseudowissenschaft

Wissenschaft schafft Wissen. Deswegen heißt sie ja auch so. Und Wissen ist seiner Definition nach etwas, das – anders als Glauben – objektiv nachprüfbar ist, unzweifelhaft wahr, richtig und zutreffend. Manches Wissen wurde schon vor langer Zeit erlangt: Die Erde dreht sich um die Sonne, Wasser fließt immer den Berg runter, im rechtwinkligen Dreieck ist die Summe der Flächeninhalte der Kathetenquadrate gleich dem Flächeninhalt des Hypotenusenquadrates, und in Bayern regiert die CSU bis in alle Ewigkeit.

Solche Dinge sind wahr. Ob es uns gefällt oder nicht. Und weil sie solche Dinge herausgefunden haben, haben Wissenschaftler einen so guten Ruf. Leute also, die Wissen schaffen und die manche von uns ehrfurchtsvoll mit Frau Doktor oder Herr Professor anreden.

Im Prinzip ist diese Zuordnung ja auch richtig. Doch dummerweise lässt sie sich ganz einfach missbrauchen. Um einer Aussage den Anschein von Glaubwürdigkeit zu verleihen, muss man sie nur möglichst nah an die Wissenschaft heranbringen. Je mehr das gelingt und je näher sich Behauptung und Wissenschaftlichkeit kommen, desto eher wird etwas geglaubt. Drei Stufen gibt es, die Sie bei jedem Einkauf oder bloß beim Glotzen von Fernsehwerbung selbst überprüfen können.

Stufe eins: Man lässt etwas wissenschaftlich bestätigen. Das ist ganz gut. Wissenschaftlich bestätigt ist zum Beispiel die Sache mit dem bergab fließenden Wasser. Wegen der Schwerkraft. Da gibt es nichts dran zu rütteln. Geht es aber nur darum, Verbrauchern irgendein Zeug zu verkaufen, ist diese Stufe recht selten zu finden. Etwas wissenschaftlich zu bestätigen, setzt zumindest voraus, dass man irgendeinen Aufwand getrieben hat. Muss nicht viel sein. Aber immerhin.

Stufe zwei: Man lässt etwas wissenschaftlich überprüfen. Mit dieser Aussage haben Konsumenten es schon häufiger zu tun, etwa bei Hautcremes, Seifen, Duschgels oder Haarshampoos. Diese sind dann, schauen Sie mal aufs Etikett, oft «dermatologisch getestet». Dermatologen sind Hautärzte, also auch wissenschaftlich ausgebildet. Die haben das Zeug getestet, aber mehr steht da nicht. Schon gar nicht, was bei dem Test herauskam. Jede Wette: Wäre die Hautverträglichkeit bestätigt worden, stünde auf der Tube «bestätigt» und nicht nur «getestet». Den Rest können Sie sich denken. Im besten Fall ist das Zeug völlig wirkungslos.

Die dritte Stufe ist die häufigste, weil billigste: Man nimmt jemanden, der wie ein Wissenschaftler aussieht, und lässt ihn im Fernsehen schlau daherreden. Dazu braucht man nur einen freundlichen Mann mit angegrauten Schläfen und zieht ihm einen weißen Kittel an. Mit Dackelblick und randloser Brille blickt er dann in die Kamera und erzählt, dass eine Zahnbürste eine Tomate beim Aufdrücken nicht kaputt macht. Das muss zwar nichts bedeuten, sieht aber zumindest sehr professionell aus.

In jedem Fall klaut sich die Werbung das (gute) Image der Wissenschaft und erhebt damit die bloße Reklamebehauptung in den Stand objektiv überprüfter Wahrheit. Das ist leider nicht nur deswegen so einfach, weil dazu ein weißer Kittel reicht. Sondern auch, weil das Wort «wissenschaftlich» nicht geschützt oder klar definiert ist. Deswegen gibt es Hersteller von Zusätzen für die Badewanne, die allen Ernstes von «wissenschaftlichen Tests» sprechen, nur weil sie 30 Frauen gefragt haben, ob sie sich nach dem Bad entspannt gefühlt haben. Was werden die wohl gesagt haben? Erraten!

Mit echter Wissenschaft hat das natürlich so viel zu tun wie eine Silvesterrakete mit einer bemannten Marsmission. Dennoch hilft es, Konsumenten einzulullen und ihnen all die Ängste zu nehmen, die man ihnen zuvor eingeredet hat. Die Angst vor zu trockener Haut beispielsweise, vor unvollständiger Entspannung oder vor schlimmer Selbstschädigung durch den Kauf von billigen Eigenmarken der Discounter. Oder vor ähnlichen Dingen, die das Dasein als moderner Verbraucher so riskant machen.

Übrigens muss auch das, was echte Wissenschaftler von sich geben, nicht immer automatisch wissenschaftlich sein. Selbst hochangesehene und extrem qualifizierte Forscher haben mal einen schlechten Tag oder erzählen Blödsinn, etwa wenn sie zu viel Alkohol getrunken oder zu viel Geld von der werbetreibenden Industrie entgegengenommen haben. Kann passieren. Das mehrt dann zwar nicht den Erkenntnisstand der Menschheit, aber immerhin lassen sich damit Bücher über nutzloses Wissen füllen. Und die können ja immerhin ganz unterhaltsam sein.

Charity-Slalom

Warum Spendensammler dich rumkriegen

Beim Slalom kommt es auf zwei Dinge an: erstens, eine Strecke in möglichst kurzer Zeit hinter sich zu bringen. Und zweitens, einen Bogen um die im Weg stehenden Hindernisse zu machen. Slalom ist eine klassische Wintersportart. Wenn aber gerade kein Schnee liegt, können Sie auch in jeder Fußgängerzone trainieren. Versuchen Sie dabei möglichst schnell zum Ziel zu kommen. Und machen Sie große Bögen um die Infostände von Klima-Aktivisten, Umweltgruppen, Vogelschützern, Regenwaldbewahrern und Welthungerbekämpfern, ohne angequatscht zu werden. Das ist mindestens so schwierig, wie heile den Berg herunter zu kommen. Ich nenne es Charity-Slalom.

Ein paar Dinge zur Klarstellung: Ich bin kein Egoist. Und Sie müssen auch kein schlechtes Gewissen haben, wenn Sie Charity-Slalom trainieren. Spendensammeln ist längst ein professionell betriebenes Geschäft mit einem Volumen von mehr als sechs Milliarden Euro im Jahr.

Die Menschen, die Sie auf der Straße ansprechen, arbeiten mit großer Wahrscheinlichkeit für eines der vielen Subunternehmen, an die die wohltätigen Organisationen das Spendensammeln ausgelagert haben. Genauso, wie ein Modelabel seine Unterhosen von einer Firma in Bangladesch nähen lässt. Dialoger nennt man jene professionellen Spendensammler. Und viele von ihnen sind verkaufspsychologisch geschult.

Insofern brauchen Sie keine Angst zu haben. Auf Sie warten Profis. Sie sind kein schlechter Mensch, wenn Sie ihnen ausweichen. Sie sind umgekehrt aber auch kein guter Mensch, nur weil Sie am Stand stehen bleiben und schließlich etwas unterschreiben. Vielleicht hat man Sie auch nur mit einem dieser netten kleinen Tricks dazu verleitet.

Ein uralter Klassiker ist die «Jeder Cent hilft»-Methode. Die haben Forscher der Arizona State University schon in den Siebzigern erforscht, und seither gehört der Hinweis, dass jeder noch so kleine Beitrag willkommen sei, zum guten Ton jeder professionellen Spendensammlung. Denn er erhöht nachweislich die Bereitschaft zum Spenden und auch die Höhe der milden Gaben. Letzteres passiert übrigens auch – und nahezu automatisch –, wenn Sie an einen Spendensammler geraten, der zufällig denselben Vornamen wie Sie hat und ihn sichtbar auf einem Namensschild am Hemd trägt. Das erzeugt zwischen Ihnen ein Vertrauensverhältnis, das sich auszahlt. Für einen von Ihnen zumindest.

Besonders gut funktioniert die Einzelfall-Masche. Man zeigt Ihnen das Foto eines Kindes. Oder einer Familie. Oder das Bild eines Äffchens, das sich scheinbar ängstlich an einen Baum klammert. Die Nahaufnahme eines geschundenen Hundes.

Einzelfälle öffnen Herzen und – noch wichtiger – Geldbörsen. Und zwar weiter und tiefer, als es Katastrophen und andere große Dramen tun. Man nennt das den Unterschied zwischen identifizierbaren und statistischen Opfern.

Klingt ein bisschen sperrig, zugegeben.

Dennoch hat der Effekt dazu geführt, dass eine junge Frau im Jahr 2011 ein Vermögen von 800 000 Dollar in Empfang nahm. Fast ein Vierteljahrhundert lag das Geld zuvor auf einem Sonderkonto – es waren Spenden, die zusammengekommen waren, als die junge Frau noch ein Baby war und einen schrecklichen Unfall hatte. Als Kleinkind war sie in Texas in einen Brunnenschacht gefallen und konnte erst nach Tagen befreit werden. Das ganze Land litt mit ihr, und der Fall «Baby Jessica» bestimmte die Fernsehnachrichten. Dann kamen die Spenden.

Der Fall ist extrem. Aber das Prinzip werden Sie erkennen, wenn Sie selbst mal mit einem Becher sammeln gehen, um – ganz allgemein – hungernden Kindern auf der ganzen Welt zu helfen. Sie wollen viel mehr Leben retten, werden aber viel weniger Geld einnehmen.

Das hat damit zu tun, dass Menschen lieber etwas geben, wenn sie das Gefühl haben, den Überblick zu behalten. Wir mögen leichte Erklärungen. Und wir mögen Überschaubarkeit. Aus demselben Grund sind zehn Tote in einem Dorf mit 100 Einwohnern ein größeres Drama als zehn Tote in einer 20-Millionen-Metropole. Wir können uns vorstellen, wie einem Kind in einem Brunnen geholfen werden kann – aber nicht, wie man den Hunger der Welt besiegt. Das eine ist konkret, das andere abstrakt.

Leider führt die unbewusste Entscheidung zu etwas, das Ökonomen als Fehlallokation bezeichnen. Dazu nämlich, dass manche Einzelfälle finanziell drastisch überversorgt werden, während zur Bekämpfung echter Menschheitsprobleme das Geld fehlt. Darüber nachzudenken, bringt allerdings auch nichts. «Wenn Menschen für wohltätige Zwecke spenden, bewerten sie Leben nicht gleichmäßig», haben die Marketing-Psychologin Deborah Small von der University of Pennsylvania und der Sozialwissenschaftler George Loewenstein von der Carnegie Mellon University festgestellt. Und wer erst einmal beginnt zu überlegen und abzuwägen, ob er sein Geld einem identifizierbaren Opfer oder einer anonymen statistischen Gruppe zukommen lässt, wird am Ende weniger geben.

Nachdenken schadet also, und das ist auch der Grund, warum die vielen Stände in der Fußgängerzone stehen: Dort haben es die Menschen eilig, wollen schnell weiterkommen und nicht lang überlegen. Dann tappen sie leichter in die Falle. Das ist der Grund, warum ich Charity-Slalom spiele.

Das klingt ein bisschen gemein, zugegeben. Aber vielleicht verstehen Sie, warum es gute Gründe dafür gibt. Ich möchte mich damit freilich nicht aus der Affäre ziehen. Bevor ich spende, setze ich mich zu Hause hin, lege erst einen Betrag fest und entscheide dann, wem ich dieses Geld spende. Ich mache das grundsätzlich allein und lasse mir dabei viel Zeit.

Alles Geld für sich allein zu behalten und nach immer mehr Geld zu streben, ist nämlich auch keine Dauerlösung. Das weiß nicht nur der Volksmund, sondern auch Angus Deaton. Dem Briten wurde 2015 der Nobelpreis für Wirtschaftswissenschaften verliehen – für seine Forschungen über den Zusammenhang von Armut, Konsum und Glück. Zu seinen bekanntesten Arbeiten gehört eine Studie, der zufolge das Lebensglück nur bis zu einem Jahresnettoeinkommen von 75 000 Dollar steigt – als er sie anfertigte, waren das etwa 60 000 Euro. Danach wird man nur noch reicher, nicht aber zufriedener.

Anders gesagt: Wenn Geld schon einen selbst irgendwann nicht mehr glücklich macht, kann es immer noch anderen helfen.

Haben Sie mal 1,12 Euro?

Das unangenehme Gefälle von Wohlstand und Lebensglück

Wir müssen reden. Über eine besondere Art von unangenehmen Begegnungen. Typischerweise finden diese an öffentlichen Plätzen statt, in Einkaufsstraßen etwa, vor Bahnhöfen oder an den Fahrscheinautomaten in

U-Bahn-Stationen. Dann nähert sich Ihnen jemand, den Sie zwar schon längst bemerkt, von dem Sie aber gehofft haben, er würde an Ihnen vorbeigehen. Meist ist es ein junger Mann, ungepflegt und in alter, abgewetzter Kleidung, und Sie möchten nicht, dass er Sie in diese unangenehme Lage bringt. Natürlich, und auch das ahnen Sie schon, wird er genau das tun. Er wird Sie durch eine einzige Frage an das zwischen Ihnen beiden herrschende Gefälle von Wohlstand und Lebensglück erinnern: «Haben Sie einen Euro?»

Sie wissen, wie die Geschichte weitergeht und wie Sie reagieren: Wortlos wenden Sie sich ab. Oder Sie gehen weiter, ohne Ihre Schritte zu verlangsamen oder den jungen Mann auch nur eines Blickes zu würdigen. Vielleicht murmeln Sie noch «Nein», mehr in sich selbst hinein als an ihn gerichtet. Aber normalerweise gehen Sie einfach.

Das war's dann. Alles bleibt, wie es ist.

Man kann diese Begegnung ökonomisch analysieren. Da ist etwa die grundsätzliche Debatte über Verteilungsgerechtigkeit. Dann sagen die einen, es habe nie so viel Armut und Ungleichheit gegeben wie heute, was man am Unterschied zwischen Ihnen und dem Bettler zweifellos erkenne. Dann entgegnen die anderen, dass es den Armen hierzulande immer noch sehr gutgehe, verglichen mit dem Rest der Welt. Und dann geht man auseinander, weil man auch keine Antwort hat.

Viel spannender ist allerdings, was da gerade individuell, also direkt zwischen Ihnen und dem jungen Mann abgelaufen ist. Eine Standardsituation, die nicht nur Sie, sondern auch Ihr Gegenüber zigmal erlebt haben: Ansprache, Spruch, Reaktion, Weggang. Genau wie der Bettler nach der 1000sten Wiederholung seinen «Haben Sie einen Euro»-Spruch nur noch herunterleiert, reagieren Sie wie auf 1000 ähnliche Anschnorrereien zuvor.

Erst später und im Nachhinein legen Sie sich Rechtfertigungen zurecht. Vielleicht wollen Sie nicht, dass sich jemand von Ihren milden Gaben Alkohol kauft (obwohl Sie natürlich nicht wissen, ob das tatsächlich passieren würde). Womöglich lehnen Sie ein anstrengungsloses Einkommen ab, weil Sie ein Fan der Leistungsgesellschaft sind (obwohl es ganz schön anstrengend und demütigend ist, zu betteln). Oder Sie sagen sich, dass der Sozialstaat schon für alle sorge und Sie schließlich Steuern zahlen (sofern Sie Ihr Schweizer Konto nicht vergessen haben). In den Sekunden, in denen Sie mit dem jungen Mann interagieren, läuft aber alles automatisch ab.

Woran liegt das?

Der portugiesische Neurowissenschaftler António Damásio, der durch seine Forschungen zum Bewusstsein bekannt wurde, geht beispielsweise davon aus, dass Geist und Körper nicht voneinander zu trennen sind, sondern stärker miteinander zu tun haben als gedacht. Denken ist demnach eine körperliche Reaktion, so wie Zähneklappern bei Kälte. Daraus leitet er die These der somatischen Marker ab, also einer körperlichen Reaktion auf früher gemachte Erfahrungen. Kehren solche Situationen später wieder, schätzen wir ganz automatisch und ohne gedankliche Reflexion die bestmöglichen Reaktionen ab. Gewissermaßen entlastet der Körper das Gehirn von Routineaufgaben. Und weil wir uns der Ein-Euro-Situation schon so oft entzogen haben, tun wir das jetzt auch wieder. Wie eine Maschine.

In Santa Cruz veranstalteten Wissenschaftler um Michael Santos von der University of California schon Mitte der neunziger Jahre ein interessantes Experiment. Sie wollten wissen, ob sich dieser Automatismus durchbrechen ließe – und Bettler ihre Einnahmen steigern könnten. Dazu schickten sie Studenten an den Hafen, um Passanten anzuschnorren. Doch statt den Standardspruch aufzusagen, baten die Studenten um ungewöhnlich krumme Summen: mal um 17 Cent, mal um 37 Cent. Das Ergebnis war erstaunlich: Die Erfolgswahrscheinlichkeit stieg um 60 Prozent, und die Passanten gaben im Schnitt auch mehr Geld. Der Versuch wurde in späteren Jahren von anderen Wissenschaftlern wiederholt, erweitert und abgewandelt – kam aber immer wieder zu ähnlichen Ergebnissen. Die Methode führt Santos zufolge zuverlässig dazu, «dass die unbewusste Zurückweisung unterbrochen wird».

Kleine Variation mit großer Wirkung. Sollten Sie selbst mal in Not geraten und jemanden um Kleingeld bitten müssen, könnten Sie Ihre Erfolgschancen mit krummen Forderungen erhöhen. Sollten Sie aber selbst mal an einem Bahnhof von einem jungen Mann um 1,12 Euro gebeten werden, ärgern Sie sich nicht. Erstens ist das bisschen Geld kein Drama für Sie. Zweitens belohnen Sie auf diese Weise jemanden, der ziemlich clever war und einen Ihrer klassischen Abwehrmechanismen außer Kraft gesetzt hat.

Und drittens haben auch Sie etwas gelernt.

Nämlich, dass Ökonomie schon im ganz Kleinen funktioniert. Es mag zynisch klingen, die Begegnung mit dem Bettler als Win-win-Situation darzustellen. Aber irgendwie ist Vorbeigehen auch keine bessere Alternative. Ihr Gewinn an der Sache ist die Chance, sich dessen bewusst zu werden und darüber nachzudenken, ob sozialer Status und Wohlstand wirklich immer nur mit Leistung zu tun haben. Oder ob Sie vielleicht nur etwas mehr Glück im Leben hatten als er.

Love me Tinder

Wieso Liebe und Ökonomie eben doch zusammengehören

Liebe und Geld haben nichts miteinander zu tun? Träumen Sie weiter! Denken Sie nur an den Heiratsmarkt, der in erster Linie ein Markt ist. Wo man eine gute oder schlechte Partie macht oder, wenn es eben sein muss, zwischen Liebesheirat und Zweckehe unterscheidet. Und so weiter. Die Verbindung von Gefühl und Ökonomie hat längst unseren Alltag durchdrungen.

Der Erfolg von Tinder beispielsweise basiert auf einem ökonomischen System. Falls Sie Tinder noch nicht kennen: Das ist eine ziemlich populäre Smartphone-App zum Kennenlernen. Sie zeigt Ihnen andere Tinder-Mitglieder in Ihrer Umgebung, und per Fingertipp entscheiden Sie, ob Sie jemand interessiert. Davon erfährt das Objekt der Begierde aber nichts – es sei denn, er (oder sie) wählt Sie ebenfalls als interessant aus. Erst bei einer Übereinstimmung schlägt die App an. «Match!» heißt es dann – und Sie können miteinander in Kontakt treten. Ökonomisch gesehen erspart Ihnen Tinder damit emotionale Kosten, in diesem Fall das Risiko der Zurückweisung. Sie können ohne Scheu den ersten Schritt machen.

Was danach kommt, bleibt Ihnen überlassen. Wissen sollten Sie jedoch, dass es bei der Partnerwahl eben doch um mehr geht als um große Gefühle. Zumindest unbewusst spielt das Geschäftliche auch dort eine Rolle. «Sex sells» lautet eine uralte Weisheit der werbetreibenden Industrie, und die Wechselwirkungen zwischen dem einen und dem anderen sind überraschend gut erforscht. Netter Nebeneffekt: Mit ein bisschen Phantasie können Sie die Erkenntnisse auch für eigene Zwecke nutzen.

Schönheit beispielsweise ist hilfreich. Keine Überraschung, zugegeben. Wie der amerikanische Verhaltensforscher Robert Cialdini herausgefunden hat, glauben wir schönen Menschen eher als hässlichen. Oder auch nur durchschnittlich aussehenden. Das ist zwar ziemlich unvernünftig, funktioniert aber trotzdem immer wieder und lässt sich nur dadurch etwas abmildern, dass man es weiß.

Der erste Eindruck bei Tinder basiert auf der Optik, ebenso die komplette Werbung von Partnerbörsen. Können Sie sich vorstellen, dass diese vielen gutaussehenden Männer und Frauen, die uns da ständig anlächeln, wirklich Singles sind? Und wenn ja, auch über Monate lang – weil die Kampagne so lange dauert? Trotz bundesweiter Plakatierung? Ich meine, wenn schon derart schöne Menschen so lange niemanden finden, was bedeutet das? Dass entweder jemand wie ich noch viel, viel länger suchen müsste? Oder dass diese topmodelartigen Damen und Herren trotz ihres guten Aussehens offenbar einen irreparablen und nicht sofort erkennbaren Dachschaden haben, sodass man vorsichtig sein sollte, was für schwere Fälle die Partnerbörse sonst wohl noch vermittelt.

Okay, das ist Werbung. Sie haben schon kapiert, dass das Lockvögel sind und keine echten Singles. Aber fragen Sie sich mal, warum Sie die echten Singles in der Werbung nicht zu sehen bekommen. Und überlegen Sie auch mal, was es bedeuten kann, wenn eine Onlinevermittlung behauptet, dass sich über sie alle elf Minuten ein Single verliebt. Ein Single – nicht zwei. Und schon gar nicht ineinander. Rechnen Sie mal.

Worum geht es also? Folgt man den erstaunlichen Erkenntnissen, die ein halbes Dutzend belgische und niederländische Wissenschaftler um Kim Janssens von der Universität Leuven vor wenigen Jahren zusammengetragen hat, kommt man schon ins Grübeln. Weil es da ja dieses alte Klischee gibt, wonach Männer bei Frauen vor allem Jugend und Schönheit suchen und Frauen umgekehrt bei Männern Muskeln und Geld.

Den Forschern zufolge geht es bei der Partnersuche stets um zwei Sachen, und zwar unabhängig vom jeweiligen Geschlecht. Das eine ist die Frage: Wer interessiert mich? Das Zweite: Wie bringe ich jemanden dazu, sich für mich zu interessieren? Das sind klassische ökonomische Probleme. Wer anderen ein Produkt verkaufen möchte, steht genau vor den gleichen Fragen: Welche Kunden will ich und wie bringe ich sie dazu, zuzugreifen?

Während die erste Frage recht einfach zu beantworten

ist, bereitet die zweite weit größere Probleme. Aber gut, Janssens und Kollegen haben eine ihrer Arbeiten schließlich «Can Buy Me Love» genannt – Liebe ist käuflich. Also wird schon was dabei rumkommen. Leider betrachteten sie nur die männliche Seite. Doch wiesen sie nach, dass schon die bloße Gegenwart einer attraktiven Frau bei alleinstehenden Männern ganz automatisch die Bereitschaft erhöht, Statusprodukte zu kaufen. Teure Anzüge. Uhren. Sportwagen.

Aber warum?

Statusobjekte orientieren sich an sexuellen Zielen, haben die Wissenschaftler herausgefunden. Schon in den sechziger Jahren kam bei einer Untersuchung heraus, dass Männer die Qualität eines beworbenen Autos höher einschätzten, wenn daneben eine schöne Frau abgebildet war. Sie priesen das Design, schätzten auch den Preis höher, die PS-Zahl und die Höchstgeschwindigkeit. Mit der Attraktivität der Begleiterin stieg das Image des Autos. Interessanterweise gaben die meisten Probanden zugleich an, das Model würde ihr Urteil überhaupt nicht beeinflussen. Von wegen.

Ableiten ließ sich im Rahmen späterer Untersuchungen daraus aber noch mehr. Nämlich dass, wer eher kurze Affären sucht, wahrscheinlich einen Porsche kauft. Kleinwagen sind mehr was für Menschen mit Interesse an langfristigen Beziehungen. Falls Sie Vorurteile pflegen, bekommen Sie nun also die wissenschaftliche Bestätigung. Ich will zwar nicht behaupten, dass der Blick in die Garage die beste Grundlage für eine Beziehung ist. Interessant ist aber trotzdem, was alles erforscht wird.

Die Lehren daraus sind deprimierend. Fand man früher ganz offensichtlich aus ökonomischen Gründen zusammen – etwa um einen Hof erhalten zu können, der hohen Mitgift wegen oder um einen Ernährer zu finden –, zeigen moderne Studien vor allem eines: dass die Spuren der Vergangenheit noch heute zu finden sind.

KAPITEL 3

Edler Wein und feine Speisen

Die kleinen Restaurant-Verführer

Das Ankergericht

Warum die Relativitätstheorie auch beim Essengehen gilt

Die Zeit ist nicht absolut und der Raum auch nicht. Zeit hängt von der Bewegung des Betrachters im Raum ab und umgekehrt der Raum von der Bewegung des Betrachters in der Zeit. Alles ist relativ. Seit der speziellen Relativitätstheorie Einsteins ist dieser Satz Allgemeingut. Douglas Adams hat in seinem Buch «Per Anhalter durch die Galaxis» eine interessante Beobachtung hinzugefügt: dass nämlich Preise auf Speisekarten besonders stark «von der Bewegung des Betrachters in Restaurants abhängen». Der Schriftsteller hat für die Sonderregeln der Preisgestaltung in der Gastronomie den schönen Begriff «Bistromathics» eingeführt – also eine Art Bistromathematik. Hohe Expertise in dieser Wissenschaft hat in der ganz realen Gegenwart die junge Berufsgruppe der «Menu Consultants», die vor der Eröffnung ambitionierter Restaurants oder Bars die Speisekarten optimiert. Darauf deutet zumindest die zunehmende Verbreitung von sogenannten Ankergerichten hin, die sich graphisch hervorgehoben im Zentrum vieler Speisekarten finden.

Ankergerichte sind oft extrem teure Gerichte mit Meeresfrüchten, aber das ist eher Zufall. Ebenso gut kann es ein Kobe-Rind für 120 Euro sein (ohne Beilagen). Der Anker verweist nämlich nicht auf die maritime Herkunft der Speise, sondern bezieht sich auf das verhaltensökonomisch gut erforschte Phänomen des «Anchoring» bei der Preissetzung.

Anker sollen die Wahrnehmung verzerren. Die erste wahrgenommene Preisinformation setzt den Rahmen, an dem sich alles orientiert. Ob uns etwas preiswert oder teuer erscheint, hat genau damit zu tun: Neben dem Austern-Set für 55 Euro wirkt das mit Limetten geträufelte Lachstartar für 25 Euro zur Vorspeise geradezu wie ein Schnäppchen. Auf der bistromathematisch optimierten Speisekarte finden sich deshalb rund um das Ankergericht beliebte Speisen mit hoher Profitmarge. Das bedeutet im Klartext: Gastronomen wollen mit den überteuerten Ankergerichten gar keine großen Umsätze erzielen. Machen Sie sich einen Spaß daraus und fragen öfter mal interessiert nach, was genau denn der Superstar der Karte so zu bieten hat. Sie werden relativ häufig die Antwort bekommen, dass ausgerechnet der Trüffel-Hummer heute schon aus ist. Nein, Anker erhöhen den Umsatz im mittleren Preissegment. Die eher günstigen Standards, die ein guter Wirt für seine Stammgäste immer vorhalten sollte, verbannen moderne Menu-Consultants folgerichtig in den hinteren Teil der Karte. Wo keiner mehr hinschaut.

Holm Friebe und Philipp Albers beschreiben die Wirkung von Preisankern in ihrem Buch «Was Sie schon immer über 6 wissen wollten» wie folgt: «Nicht nur als Wähler, auch als Konsumenten haben wir einen natürlichen Hang zur Mitte. Wir nehmen nicht das allerbilligste und greifen eher zum zweitteuersten als zum teuersten Angebot, wenn wir in Unsicherheit entscheiden müssen.» Marketing- und Vertriebsprofis haben nach Analyse der beiden Geschäftsführer der Berliner Markenberatung «Zentrale Intelligenz Agentur» daraus folgende Schlussfolgerung gezogen: «Ein Gutteil des Überangebots käuflicher Waren, das uns täglich gegenübertritt, besteht aus irrelevanten Alternativen: Trugbilder und Chimären, die uns vom ökonomischen Pfad der Tugend abbringen sollen.»

Preisanker werden freilich nicht nur von Gastronomen ausgeworfen. Wie sich Immobilienmakler den Effekt zunutze machen – und ihm gelegentlich auch selbst erliegen –, werden wir noch im Kapitel über den Immobilienerwerb sehen. Ein weiteres interessantes Fallbeispiel hat der Daimler-Konzern den Wirtschaftswissenschaftlern vor einigen Jahren geliefert. 2002 wurde die Luxusmarke Maybach mit viel Entwicklungsaufwand wiederbelebt – unter anderem, um eine S-Klasse für 100 000 Euro neben einem 300 000-Euro-Gefährt mit schlechteren Fahreigenschaften wie eine rationale Alternative aussehen zu lassen. Dummerweise liefen dabei die Kosten aus dem Ruder. Zehn Jahre später stellte Daimler die Produktion wieder ein. Der Anker war nicht nur für den Kunden zu teuer, sondern auch für den Anbieter. Da haben es Gastwirte schon einfacher, den Anker wieder einzuholen.

All you can beat

Die erstaunlichen Skaleneffekte der Buffet-Ökonomie

An uns machen die heute keinen Gewinn.» Mein Freund Karl hat das immer gesagt, wenn wir mit unserer Handballmannschaft zum All-you-can-eat-Buffet des chinesischen Restaurants unserer hessischen Kleinstadt gingen. Wir waren damals in der A-Jugend, also 17 und 18 Jahre alt. Zehn hungrige Typen nach einem Heimspiel! Der Buffetpreis betrug 7,90 DM, wenn ich mich richtig erinnere.

Die Betreiber waren freundliche Leute. Überraschenderweise schauten sie nie besonders unglücklich aus, wenn wir kamen. Manchmal lachten sie sogar mit, wenn Karl das Buffet, besonders nach verlorenen Spielen, eine neue «sportliche Herausforderung» nannte. Ich habe die Reaktion des Wirts damals für eine besonders eindrucksvolle Variante von Zen-Buddhismus gehalten. Denn schon damals, bevor einer von uns ein betriebswirtschaftliches Studium auch nur in Erwägung gezogen hatte, war natürlich allen im Raum die Situation klar.

Durch die Brille des Ökonomen betrachtet sind halbstarke Handballergruppen so etwas wie das Worst-Case-Szenario der Buffet-Kalkulation. Diese Kalkulation geht wie bei allen Pauschalmodellen von einer Gauß'schen Normalverteilung der Produktnutzung durch den Kunden aus. Für All-you-can-eat-Buffets bedeutet das: Ganz links auf der statistischen Glockenkurve befinden sich ganz wenige Wenig-Esser. Die meisten Menschen essen normale Mengen. Und nach rechts nimmt dann die Zahl der Viel-Esser wieder kontinuierlich ab.

Man braucht keinen Abschluss in Betriebswirtschaftslehre, um herauszufinden: Der Preis für das Buffet pro Kunde errechnet sich aus dem Wareneinsatz für einen Durchschnitts-Esser, den sonstigen Kosten des Restaurants plus der Marge. All-you-can-eat-Modelle sind bekanntlich nicht nur in Las Vegas verhältnismäßig günstig, wo sie von Casinos subventioniert werden – von denen Karl, der in der A-Jugend ein Austauschjahr in den USA hinter sich hatte, übrigens besonders schwärmte. Ich habe mich schon immer gefragt, wie Buffets ohne die Querfinanzierung durch Glücksspieleinnahmen ein gutes Geschäft sein können. Dabei habe ich allerdings die kostentreibenden Effekte von Viel-Essern wie uns offenkundig deutlich über- und die für den Anbieter günstigen Faktoren der Buffet-Ökonomie unterschätzt.

Der Fachliteratur ist zu entnehmen, dass der Wareneinsatz in der mittelpreisigen Gastronomie in der Regel weniger als ein Drittel der Gesamtkosten ausmacht. Personal kostet oft mehr als ein Drittel. Buffet-Betreiber sparen durch den Selbstbedienungsmodus aber nicht nur einen großen Teil der Servicekräfte ein, sondern benötigen dank der ganzen Vorkocherei und der immer gleichen Speisen zudem deutlich weniger Küchenpersonal. An einer langen Theke aufgebaut, sieht das Angebot groß und variantenreich aus. Im Vergleich zu einem Restaurant mit üblich großer Karte ist die Varianz de facto aber geringer, was wiederum Aufwand beim Einkauf spart.

Was Karl bei seiner Kampfansage ebenfalls nicht beachtet hat: Viel-Esser können nur beim Wareneinsatz die ökonomische Rechnung des Buffet-Restaurants angreifen. Bei Fixkosten wie Küchenpersonal, Raummiete, Heizkosten und dergleichen macht es keinen Unterschied, ob gelegentlich eine Vielfraß-Truppe das Buffet plündert. Natürlich nur, sofern diese nicht die Spitzenlastkapazitäten der Küchentruppe so stark überfordert, dass andere Gäste deshalb fernbleiben. Das ist selbst unserer Handballmannschaft nie gelungen, was wiederum daran gelegen haben könnte, dass die chinesischen Betreiber in unserer hessischen Kleinstadt das von der US-Regierung unter Präsident Barack Obama populär gemachte Konzept des «Nudgings» in praktischer Umsetzung vorweggenommen hatten.

«To nudge» heißt «schubsen». Beim «Nudging» versucht man, mit Hilfe kleiner psychologischer «Schubser» das Verhalten von Steuerzahlern, Stehpinklern oder Kantinenessern positiv zu beeinflussen. Steuerzahlern wird auf dem Steuerbogen mitgeteilt, dass nahezu alle ihrer Landsleute ehrlich ihre Steuern zahlen. In Urinalen werden kleine Fliegen in die Mitte der Becken gemalt, die es zu treffen gilt. In Nudge-optimierten Kantinen gibt es zwar noch Süßigkeiten zu kaufen, aber die liegen schlecht zu greifen hinter dem gesunden Obst im vorderen Bereich der Theke. So funktioniert das.

Bei unserem China-Buffet waren schmackhafte Sattmacher mit günstigen Zutaten – wie Schweinefleisch süßsauer – immer in großen Schüsseln vorne positioniert. Die acht Kostbarkeiten mit Ente oder Krabben hingegen standen ganz hinten in der Ecke, wo sich wegen des Platzmangels schnell eine Schlange bildete.

Ich fürchte, weder Karl noch wir anderen haben diesen ebenso einfachen wie wirksamen Trick ausreichend reflektiert. In die An-uns-machen-die-keinen-Gewinn-Rechnung ist von Karls Seiten auch nie der Werbeeffekt eingeflossen, den wir als Gruppe für das Restaurant erzeugten. Denn natürlich gingen wir nicht nur als Mannschaft dorthin, sondern überzeugten auch unsere Familien davon, wie toll und günstig man dort viel essen kann. Dann brachten wir hungrigen Handballer unsere Mütter und kleinen Schwestern vom linken Ende der Glockenkurve mit. Und schon stimmte die Rechnung für den Wirt wieder.

Aus Neugier habe ich das Restaurant kürzlich im Netz besucht. Das Buffet gibt es immer noch. Es kostet mittags acht und abends zwölf Euro. Vermutlich geht die A-Jugend unseres alten Sportvereins nach den Heimspielen dorthin essen. Vermutlich redet sie sich ebenfalls ein, wenigstens am Buffet zu gewinnen.

Jesus und die vollen Teller

Was die Bibel mit der Wortwahl auf Speisekarten zu tun hat

Wie gut kennen Sie das Letzte Abendmahl? Selbst wenn Sie nicht besonders bibelfest sind, dürfte Ihnen die berühmte Szene aus dem Neuen Testament ein Begriff sein. Zumindest kennen Sie einige der zahlreichen Abendmahlsdarstellungen, etwa die von Leonardo da Vinci aus dem 15. Jahrhundert. Wenn nicht, fahren Sie nach Mailand oder warten Sie auf die nächste Wiederholung von «The Da Vinci Code – Sakrileg» im Fernsehen. Dann können Sie sich die Szene anschauen: Jesus und seine Jünger sitzen am Tisch und speisen gemeinsam.

So weit, so gut. Aber wissen Sie auch, was sie essen und trinken?

Brot und Wein sind schon mal kein schlechter Tipp. Mit dieser Antwort liegen Sie meist richtig. Wobei es immer darauf ankommt, welche Abendmahlsdarstellung Sie sich anschauen, denn Leonardo war ja nicht der einzige Künstler, der die Szene gemalt hat. Andere zeigen mal Fisch, mal Lammfleisch. Die Wiesenkirche im ostwestfälischen Städtchen Soest besitzt sogar eine alte Version des Abendmahls, in der Jesus und seinen Jüngern Schinken, Wurst und Bier serviert wird. Der Trend zu regionalen Lebensmitteln ist also keine Erfindung der Neuzeit, Bibel hin oder her.

Für aufgeklärte Restaurantbesucher von heute ist aber ein ganz anderes Detail entscheidend: Egal, was Jesus und die Jünger auch immer zu sich nahmen, im Lauf der Jahrhunderte wurde es immer mehr.

Der auf Lebensmittel spezialisierte Marketing-Professor Brian Wansink von der Cornell University im US-Bundesstaat New York hat gemeinsam mit Kollegen systematisch Abendmahlsdarstellungen aus dem vergangenen Jahrtausend miteinander verglichen. Ihre Annahme war diese: «Wenn Kunst das Leben widerspiegelt, und wenn Lebensmittel im Verlauf der letzten tausend Jahre mehr und mehr verfügbar geworden sind, müsste sich dieser Effekt auch in der bildlichen Darstellung von Nahrung zeigen.»

Und tatsächlich. Je jünger das Bild war, desto mehr wurde aufgetischt. Zwischen den Jahren 1000 und 2000 kam knapp ein Viertel mehr Brot auf die Tafel. Auch die Größe der Teller wuchs dramatisch. Schließlich mussten diese immer üppigere Hauptgerichte aufnehmen, deren durchschnittliche Portionsgröße um 69 Prozent zunahm. Im Verlauf von 1000 Jahren war aus der ursprünglich frugalen Kost ein Festschmaus für Jesus und seine Jünger geworden. Mahlzeit!

Sie haben schon immer gedacht, dass Kunst ein Spiegel der jeweiligen Gesellschaft ist? Glückwunsch! Genau so ist es. Und aus demselben Grund lässt sich aus der Beobachtung von Wansink auch viel über die Vermarktungsstrategien heutiger Restaurants ableiten.

Haben Sie sich etwa nie über Ihre übergewichtigen Mitmenschen gewundert oder selbst im Restaurant mehr gegessen, als Sie eigentlich wollten? Sehen Sie. Es hat schon seinen Grund, dass die Weight Watchers nicht bereits im Mittelalter erfunden worden sind. Damals hat man sie nicht gebraucht.

Heute sind die Mägen voll. Mehr geht nicht mehr rein, wenn der Body-Mass-Index halbwegs im Rahmen bleiben soll. Für Restaurantbesitzer ist das eine heikle Situation. Sie können ihre Umsätze nicht mehr mit Hilfe der Abendmahl-Strategie hochtreiben, also ihren Gästen bloß immer größere Portionen verkaufen. Oder mehr Gänge. Vielleicht eine weitere Vorspeise? Einen neuen Zwischengang? Wie wäre es mit einem Gruß aus der Küche? Noch etwas Brot? Dessertvariationen?

Mehr essen geht kaum noch. Bleibt: mehr bezahlen. Wirtschaft braucht Wachstum, und die Gastwirtschaft bildet da keine Ausnahme. Wie einfach dieses Ziel erreicht werden kann, haben die Forscher praktischerweise ebenfalls herausgefunden. Es reichen mitunter schon ein paar kleine Änderungen im Layout der Speisekarten.

Die Bezeichnungen der Gerichte werden immer blumiger. Fand man in früheren Jahren vielleicht die Bezeichnung «gegrilltes Rindersteak» auf der Karte, steht dort nun «Spezialität des Hauses: Saftiges Filet vom Weiderind, schonend zubereitet auf unserem Lavagrill». Die Poesie ist kein Zufall, sondern dürfte streng kalkuliert sein. Detailliert beschriebene Speisen lassen Restaurantumsätze nämlich um bis zu 27 Prozent steigen, auch wenn Zutaten und deren Zubereitung gleich bleiben. Die Kunden waren einfach zufriedener, das Essen schmeckte ihnen besser, und sie kamen häufiger wieder. Weil ihre Aufmerksamkeit auf das Essen gerichtet war.

Noch erstaunlicher sind die Erkenntnisse, die Wansink, sein Kollege David Just und die Sozialwissenschaftlerin Özge Sigirici von der Marmara University in Istanbul zutage gefördert haben. Demnach können Wirte die Wertschätzung ihres Restaurants bei den Gästen ganz einfach steigern, indem sie mehr Geld verlangen. Das kam bei Pizza-Experimenten in einem All-you-can-eat-Restaurant heraus. Eine Testgruppe zahlte vier Dollar für den Zugang zum Pizza-Buffet, eine andere Gruppe acht Dollar. Das Essen war dasselbe, das Urteil der Gäste aber nicht. «Wenn Menschen an einem billigen Buffet essen, schmeckt es ihnen schlechter», konstatierten die Forscher. Und andersherum gilt: Weil sie unbewusst vom Preis auf die Werthaltigkeit schlossen, beurteilte die Acht-Dollar-Gruppe den Geschmack und die Qualität der Pizzastücke konsequent höher.

Als Restaurantbesucher wissen Sie nun, warum es Ihnen schmeckt, warum Sie mehr bezahlen und wann Sie glücklich und zufrieden sind. Das ist übrigens ganz im Sinne des Wirtes. Wenn er Ihnen ein Abendmahl auftischt, dann soll es sicher nicht das letzte sein. Schließlich sollen Sie ja so bald wie möglich wiederkommen.

Nackte Zahlen

Warum in der gehobenen Gastronomie das Euro-Zeichen auf der Karte fehlt

Artischocken à la Barigoule mit Sommertrüffel	12
Onglet vom Black Angus mit Auberginencrème und Pimientos de Padrón	28
Millefeuille mit Himbeeren und Pistazien aus Bronte	16

Das liest sich gut, oder? Die Namen der Gerichte regen die Phantasie an. Man versteht nicht alles ganz genau, und schon beginnt im Kopf das Rätselraten. Was ist noch mal Millefeuille? Auf der anderen Seite gibt die Beschreibung ausreichend konkrete Hinweise, um Präferenzen vorzubereiten. Mit anderen Worten: Die Karte ist als Einstieg in ein Verkaufsgespräch gestaltet.

Diese Gespräche führen die ebenso netten wie kompetenten Bedienungen in dem Berliner Trend-Restaurant, aus dem dieser Auszug der Karte stammt, in vorbildlich kundenorientierter Form. Sie wollen herausfinden, was Sie als Gast am liebsten hätten. Dabei soll nichts stören. Zum Beispiel das «€»-Zeichen oder das Wort «Euro» hinter dem Preis. Das angesagte Berliner Restaurant folgt auch damit einem weltweiten Trend, was die Menü-Karten der gehobenen Gastronomie angeht: nackte Zahlen. Keine Komma-Preise. Keine Währungsangabe. Das Neuromarketing empfiehlt es so.

Den wissenschaftlichen Beleg für die Wirksamkeit dieses Taschenspielertricks der Preispsychologie lieferten vor einigen Jahren Forscher der Cornell University. In realen Restaurants legten sie Speisekarten mit identischen Preisen aus, die aber jeweils unterschiedlich gestaltet waren: numerisch mit Währungszeichen, also beispielsweise «15 $», als ausgeschriebener Text wie in «fünfzehn Dollar» und als pure Ziffer, da stand dann nur «15».

Die Forscher hatten ursprünglich erwartet, dass die unscheinbare Schriftform den Preis am besten kaschierte und somit zu den höchsten Umsätzen führen müsste. Tatsächlich waren es aber die einfachen Ziffern, die Tischrechnungen im Schnitt um fünf Euro (5 €) in die Höhe trieben. Die Experten für Neuromarketing kamen in ihrer Studie zu der Schlussfolgerung: «Die Währung ist für das Gehirn ein Code für Preis und damit für Schmerz, und Schmerz gilt es zu vermeiden, beziehungsweise zu reduzieren.»

Interessanterweise wenden Restaurants im Billigsegment – vor allem Fastfood-Ketten – die Regel genau in der gegenteiligen Strategie an. McDonald's zeichnet so aus, wie es die Wissenschaftler gerade nicht empfehlen: «Big Mac 3,89 €». Nun ist kaum davon auszugehen, dass die Menükarten-Designer der Fastfood-Kette den Trend zur nackten Ziffer übersehen hätten. Sie setzen vielmehr bewusst auf die graphische Gestaltung, die wir aus den Sonderangebots-Welten in Supermärkten kennen.

Im Kontext einer Warteschlange signalisiert das €-Zeichen nämlich etwas ganz anderes: Achte auf unseren Preis! Hier ist es günstig! Du kannst dir mehr leisten als woanders! Dieser Appell an hungrige Sparfüchse wird verstärkt durch die ungeraden Nachkommastellen, die wiederum die Botschaft senden: Unsere Preise sind keine Mondpreise, sondern hart kalkuliert. Wie eben Sonderangebote im Supermarkt.

Die dritte Stufe des Neuromarketings durch Preissignale zünden die Systemgastronomen dann mit Kombinationsmenüs. Bei denen sind die Paket-Preise zwar in der Tat immer günstiger, als es die Summe der Einzelpreise wäre. Hier setzen die Preisexperten der Fastfood-Multis auf eine Strategie, die sie von Mobilfunkanbietern abgeschaut haben und die man im Marketingdeutsch als «Upselling mit Verwirrungstaktik» beschreiben könnte.

Vor der Kasse steht der Kunde unter Druck, hinter ihm drängeln schon die nächsten. Die Preistafel ist so verwirrend wie das Kleingedruckte eines Handyvertrags. Auf die Schnelle kann kaum einer errechnen, wie hoch die Preisersparnis wirklich ist. Bin ich wirklich durstig genug für die große Cola, wenn ich die salzigen Pommes gegessen habe? Schwer zu sagen. Das XL-Menü scheint dann die sichere und günstige Wahl zu sein. Hauptsache, die unangenehme Situation geht schnell wieder vorbei.

Aber eigentlich braucht es auch kein Neuromarketing um zu erkennen, dass …

CHICKEN MCNUGGETS MENÜ 9ER 4

… graphisch und kaufmännisch irgendwie unrund und gewollt daherkommt. Oder?

Vollmundig abgerundet

Wie Sommeliers uns den eigenen Geschmack abtrainieren

Vor einigen Jahren moderierte ich mal eine Buchvorstellung mit einem recht bekannten Verhaltensökonom aus den Vereinigten Staaten, der zu Besuch in Berlin war. Wir sprachen über die Frage, warum sich Menschen immer wieder irrational verhalten. Anschließend gingen wir zum Abendessen in ein Restaurant. Zwei Mitarbeiter seines Verlages begleiteten uns.

Unser Ziel war ein ganz besonderes Restaurant, das von Blinden betrieben wurde. Im Innern herrschte völlige Finsternis, sodass man sich vorübergehend selbst blind fühlte. Ähnliche Restaurants gibt es auch in anderen Großstädten. Wenn Sie etwas über sich selbst lernen wollen, sollten Sie mal eines besuchen.

Zu viert am finsteren Tisch bestellten wir das Überraschungsmenü. Wir erwarteten zwar, dass wir uns mit Soße oder Suppe bekleckern würden. Aber wir waren uns sehr sicher, dass wir herausschmecken könnten, was uns serviert würde. Schließlich hielten wir uns für Kenner mit einem gut trainierten Geschmackssinn. Wir irrten.

Nach zwei Stunden waren unsere Hemden und Hosen

sauber und trocken geblieben. Kein Glas wurde verschüttet, keine Soße vertropft. Allerdings haben wir bei vielen Dingen falschgelegen. Wir konnten Fleisch nicht sicher von Fisch unterscheiden, Brokkoli nicht von Blumenkohl und hatten ernsthaft diskutiert, ob es sich bei einer Beilage um eingelegte Gurken handelte (wie sich herausstellte, waren es Aprikosen). Alles nur, weil wir unser Essen nicht sehen konnten.

Das war eine Lektion in Demut. Ich hatte meinen Geschmackssinn hoffnungslos überschätzt, und den anderen war es nicht besser ergangen.

Seitdem bin ich überzeugt davon, dass diese ganze Feinschmeckerei vor allem dem Profitmachen dient. Nirgendwo wird das deutlicher als beim Wein. Diese teils abstrusen Beschreibungen von Geschmacksnoten sind ja ganz unterhaltsam zu lesen. Man sollte sie aber nicht zu ernst nehmen.

Spotten Sie ruhig, nur weil ich Aprikosen nicht von Gurken unterscheiden konnte. Gestatten Sie mir aber auch, über jenen Sommelier zu lachen, der mir Jahre später in einem Restaurant in Süddeutschland einen Weißburgunder empfahl, der über eine «angenehme Kräuterigkeit» und das «Aroma heller Baumblüten» verfüge.

Kräuterigkeit reicht übrigens von «leichter Schnittlauchhaftigkeit» bis hin zu «strenger Thymianhaftigkeit». Und Baumblüten sind fast immer hell, Kastanie ebenso wie Zierkirsche. Da ich aber keine von beiden je gekostet habe, weiß ich immer noch nicht, wie der Wein nun schmecken soll. Daraus lernen wir: Warum sollte man Leute für einen Rat bezahlen, mit dem kein Mensch etwas anfangen kann?

Die Antwort hat viel mit Autorität zu tun. In komplexen Situationen neigen wir nämlich dazu, Experten zu glauben. Das kann der Arzt sein, der unsere Krankheiten heilt. Oder der Rechtsanwalt, der einen Gerichtsprozess für uns führt. Im Flugzeug gehen wir davon aus, dass uns der Pilot wieder auf den Boden bringt. Wir nehmen das an, weil diese Menschen Experten sind. Diese Hörigkeit geht sogar so weit, dass Menschen sich selbst oder anderen schaden, sobald eine – auch nur vermeintliche – Autoritätsperson das anordnet. Das hat der Psychologieprofessor Stanley Milgram schon in den sechziger Jahren herausgefunden. Seitdem wurden seine Erkenntnisse vielfach bestätigt und ökonomisch nutzbar gemacht.

Sommeliers sind ebenfalls Experten, allerdings unterscheiden sie sich von anderen. Denn während die wenigsten von uns eine Boeing 737 landen, ein Verfahren vor dem Verwaltungsgericht gewinnen oder ein Hüftgelenk ersetzen können, kann jeder sagen, ob ihm etwas schmeckt oder nicht. Schon Dreijährige kennen den Unterschied zwischen «Lecker» und «Bäh».

Die Wein-Industrie hat ihren Kunden jedoch über Jahrzehnte eingeredet, dass es auf helle Baumblüten und sanfte Kräuterigkeit ankäme. Und da die meisten Menschen nicht sicher sind, ob an der ganzen Alkoholprosa nicht doch etwas dran sein könnte (obwohl sie es seltsamerweise fast nie selbst herausschmecken), bleiben sie im Zweifel. Ökonomisch gesehen ist das der ideale Zustand: Dann sind sie nämlich empfänglich für Ratschläge von Experten. Und guter Rat ist teuer.

Deswegen gibt es Sommeliers. Und weil das beim Wein so gut klappt, gibt es mittlerweile auch welche für Wasser. Und für Käse. Und für Brot. Stets bereit, uns den letzten Rest vom eigenen Geschmack abzutrainieren, uns als unwissend dastehen zu lassen und umgehend einen Ausweg zu verkaufen.

Mondschein und Rosenquarz

Der bizarre Kult um Mineralwasser

Am liebsten haben Unternehmen solche Kunden, die für ihre geliebten Produkte alles tun. Die sich jedem kritischen Argument verschließen, teils sogar offensichtlichen Unsinn vehement verteidigen, bereitwillig völlig überhöhte Preise zahlen und dafür auch noch dankbar sind. Dann ist ein Kunde ein guter Kunde, weil er sich von einem Unternehmen melken lässt wie die Kuh vom Bauern. Finanziell betrachtet.

Besonders gut beherrschen Hersteller von Mineralwasser diese Disziplin. Sie haben es durch jahrzehntelange und harte Arbeit geschafft, ihre Kunden in derart treu ergebene Anhänger zu verwandeln, dass selbst Zigarettenproduzenten neidisch zu den Flaschenfüllern emporblicken.

Spazieren Sie mal durch einen gut sortierten Getränkemarkt und schauen, was da so alles rumsteht. Sie werden sich wundern. Da gibt es Wasser, das von den Fidschi-Inseln bis nach Düsseldorf geschifft wurde und in kleinen Flaschen zum Literpreis von weit über fünf Euro verkauft wird. Oder Wasser, das aus dem Kondensat tasmanischer Regenwolken gewonnen wurde. Wasser aus den geschmolzenen Gletschern Grönlands, aus französischen Vulkansteinschichten oder norwegischen Bergen. Nicht ganz so weit weg, im Münchener Umland, blubbert eine Quelle, deren kostbares (und teures!) Nass sogar bei Vollmond auf Flaschen gezogen wird. Und stets erzählen die Anbieter ähnliche Geschichten: Die ausgewogene Mineralisierung! Die weiche Reinheit! Der einzigartige Geschmack! Und so weiter.

Was den Geschmack angeht: Das ist schon lustig, wie echte und vermeintliche Experten sich winden, um scheinbar objektive Kriterien zu finden, um ihn zu beschreiben. Man kennt das vom Wein, und beim Wasser ist das auch so, wenn jemand versucht, die einfache Frage «Schmeckt's?» so umständlich wie nur möglich zu beantworten. Neulich habe ich in der Zeitung gelesen, was so ein Fachmann zu einer Reihe von Wässern sagt. Eines war «angestrengt, weil es im vorderen Drittel des Gaumens aufschäumt». Ein anderes hatte «wenig Ecken und Kanten» und ein drittes fiel beim Experten durch, denn «ich kenne es strukturierter und knackiger».

Schön, wenn jemand sein Hobby zum Beruf machen kann. Wenn normale Konsumenten sich mal an einem Blindtest versuchen, kommen wir nie zu solchen Ergebnissen. Auch vermeintliche Profis scheitern in Blindtests übrigens regelmäßig, wie schon dutzendfach getestet und bewiesen wurde. Dass sie trotzdem dauernd von aufschäumender Knackigkeit reden, hat einen einfachen Grund: So verkauft man Wasser. Kunden müssen einen Grund haben, ein bestimmtes Wasser zu wählen. Damit können sie Leute beeindrucken, die ihrerseits glauben, einen Genuss-Experten vor sich zu haben. Am Ende machen alle mit und bestätigen sich gegenseitig. Lesen Sie mal Hans Christian Andersens Märchen «Des Kaisers neue Kleider», dann verstehen Sie das Prinzip.

Echte Vertriebsprofis laden Wasser aber nicht nur mit Geschmack auf, sondern mit Energie. Oder mit Informationen, das geht auch. Beziehungsweise: Das geht natürlich nicht, das erzählen sie bloß. Mittlerweile gibt es auf vielen Wochenmärkten einen Mineralienhändler, der abgepackte Tütchen mit Rosenquarz und Amethyst verkauft, über die man sein Wasser gießen soll. Wegen der Informationen, die dieses dann aufnehme. Falls das Licht des Vollmonds nicht ausreicht. Wenn Sie mögen, können Sie sich entsprechende Apparaturen auch direkt ans häusliche Leitungssystem anschließen lassen. Dann können Sie Ihre Blumen damit gießen.

Es kann natürlich passieren, dass Ihre Blumen dann informierter sind als Sie.

Der Quatsch ist inzwischen so weit verbreitet, dass ganze Unternehmen ihr Wasser mittels Edelsteinen aufladen. Eine Großbäckerei macht das zum Beispiel, eine Firma mit 3000 Mitarbeitern und Filialen in ganz Norddeutschland.

Zumindest schadet ein Edelstein- oder High-End-Flaschenwasser der Gesundheit nicht. Den Finanzen allerdings sehr wohl. Doch auch das ist eines dieser Argumente, die echte Wasserfans nicht hören wollen und konsequent ignorieren. Leitungswasser, ganz normal aus dem Hahn, ist hierzulande wunderbar rein und sauber – und billig außerdem. Fidschi-Wasser kostet etwa 3000-mal mehr. Und wenn bei Ihnen daheim die Wasserleitungen nicht gerade aus Blei sind, haben Sie schon alles, was Sie brauchen. Außer einer absurden Märchengeschichte.

Behalten Sie den Rest

Wie Kellner das Trinkgeld hochtreiben

Restaurantbesuche in den USA sind einerseits angenehm und andererseits nervig. Schön finde ich es, dass ich gleich vorn am Eingang begrüßt und zum Platz begleitet werde. Die Bedienung weiß also, dass ich da bin. Das ist viel wert! So steht in den USA stets ein aufmerksamer Kellner bereit, während ich in Deutschland oft das Gefühl habe, absichtlich ignoriert zu werden. Hiesiges Restaurantpersonal ist unschlagbar darin, durch mich hindurchzublicken oder mein wildes Winken zu übersehen, auch wenn ich nach einer Viertelstunde geduldigen Wartens lediglich versuche, meine höfliche Bitte um die Übergabe einer Menükarte vortragen zu dürfen.

Doch leider übertreiben es viele amerikanische Kellner mit der Aufmerksamkeit. Dann kommt alle zwei Minuten einer an den Tisch und erkundigt sich, ob ich noch etwas möchte. Ich habe mein Halbliterglas Cola noch nicht an meine Lippen geführt, da werde ich schon gefragt, ob ich ein zweites will. Parallel zum Hauptgericht wird mir die Frage nach einem Dessert serviert, oder ob ich einen Kaffee möchte oder etwas Gebäck. Spaßeshalber habe ich mal in einem Diner in Seattle jede penetrante Nachfrage mit einem «Yes, please» beantwortet. Wenige Momente später standen neben meiner Salatschüssel und weit über einem Liter Softdrink auch zwei Bier, eine Megaportion Käsekuchen und natürlich das Super-T-Bone-Steak mit extra Pommes.

Und als ich einmal mit einer weiteren Bestellung zögerte, bumms!, knallte mir der Kellner die Rechnung auf den Tisch.

Erst dann konnte ich einigermaßen ungestört essen.

«Please Tip the Waiter» lautet ein wichtiger gastronomischer Grundsatz in den USA. Das Trinkgeld ist die wichtigste Einkommensquelle für die Servicemitarbeiter. Erwartet werden etwa 15 Prozent der Rechnungssumme. Je mehr Gäste sie bedienen und je höher deren Rechnung wird, desto besser für sie. Das erklärt den Druck, den sie auf Leute wie mich ausüben: schnell rein, viel ordern, schnell essen, schnell wieder weg, der Nächste bitte.

In Deutschland wird das Personal vom Gastwirt bezahlt, auch das erklärt einiges. Trinkgeld erwartet es natürlich trotzdem. Doch es gibt eine schlechte Nachricht. Galt früher mal die Faustregel von zehn Prozent der Rechnungssumme, geben die Deutschen heute weitaus weniger extra. Eine repräsentative Umfrage der Stiftung für Zukunftsfragen aus Hamburg aus dem Frühjahr 2015 hat ergeben, dass die allermeisten Restaurantgäste heute weniger als sieben Prozent für angemessen halten, es geht eher Richtung fünf Prozent. Als Aufschlag fürs Ignoriertwerden ist das zwar noch immer großzügig. Aus Sicht eines freundlichen und hilfsbereiten Kellners, der etwas mehr aus seinen Gästen herausholen möchte, sind das jedoch alarmierende Erkenntnisse.

Doch glücklicherweise wird ja alles irgendwo erforscht. Und natürlich gilt das auch für die Frage, wie das Bedienungspersonal mit Hilfe einiger simpler psychologischer Tricks das Trinkgeld hochtreiben kann. Seit ich das weiß, gehe ich mit einem völlig anderen Bewusstsein essen.

Da war einerseits der Versuch, den Sozialpsychologen von der Universität im niederländischen Nimwegen 2003 anstellten. Sie ließen eine Kellnerin zwei Gruppen von Gästen bedienen. Bei der einen nahm sie lediglich die Bestellung entgegen – so wie sie es immer tat. Bei der anderen Gruppe wiederholte sie jede Order wortwörtlich, während sie die Wünsche notierte. Mimikry heißt diese Technik, man könnte auch Nachplappern sagen.

«Mimikry kann für den Imitierenden vorteilhaft sein, weil er sein Gegenüber damit veranlassen kann, großzügiger zu sein», stellte das Forscherteam um Rick van Baaren schließlich fest: Schon das bloße Wiederholen der Bestellung führte im Durchschnitt zu 68 Prozent höheren Trinkgeldern.

Was da genau passiert, ist bis heute nicht ganz klar. Aber Sie kennen solche Situationen aus einem ganz anderen Zusammenhang: bei der Arbeit. Garantiert ist unter Ihren Kollegen einer, der ständig mit dem Chef einer Meinung ist und ihm nach dem Mund redet. Er plappert ihm alles nach. Und was wird der Vorgesetzte denken? Genau: guter Mann! Deswegen bekommt dieser Typ auch den Bonus. Oder die Beförderung. Die er abends im Restaurant feiert, während Sie im Büro noch brav ein paar Überstunden machen.

Ganz neu ist die Methode übrigens nicht. Als sogenanntes Spiegeln gehört sie schon lange zum Repertoire des Neuro-Linguistischen Programmierens. Die auch NLP abgekürzte Kommunikationstechnik wurde in den siebziger Jahren in den Vereinigten Staaten entwickelt und ist ebenso verbreitet wie wissenschaftlich umstritten. Dem deutschen NLP-Lobbyverband zufolge eröffnet sie «Zugänge zu außergewöhnlichen Fähigkeiten und Leistungen», wobei sie innerhalb einer Psychotherapie ebensolche Wunder vollbringe wie beim Sport, der Gesundheitsförderung und in der Wirtschaft. Und in der Gastwirtschaft natürlich auch.

Zu guter Letzt kann der vom Kellner «gespiegelte» Gast ja auch noch dem Süßigkeiten-Trick zum Opfer fallen. Das war noch so ein Experiment, durchgeführt von Forschern aus den USA. Dabei brachte die Bedienung parallel zur Rechnung ein Stückchen Schokolade auf einem kleinen Teller. Die Erwartung der Forscher war, dass sich beschenkte Gäste unbewusst zur Revanche verpflichtet fühlen. Und in der Tat führte ein Stück Schokolade zu gut drei Prozent mehr Trinkgeld. Zugegeben, das ist mickrig. Zwei Stückchen Schokolade brachten aber schon 14 Prozent mehr. Und ein Kellner, der erst ein Stückchen auf den Tisch legte, sich dann kurz abwendete und dann mit einer weiteren Süßigkeit zurückkehrte, schaffte ein durchschnittliches Plus von 23 Prozent. Je individueller und weniger standardisiert den Gästen das Geschenk überreicht wurde, desto höher fiel der Zuschlag aus. Unabhängig von der Qualität des Essens.

KAPITEL 4

Unterwegs in der mobilen Gesellschaft

Die kleinen Gemeinheiten beim Reisen

Strandnah und verkehrsgünstig

Aus dem Vokabular der Reiseveranstalter

Von jedem Reiseziel schwärmen die Veranstalter, als sei es das Paradies auf Erden. Die eigentliche Aussage steckt aber immer im Nichtgesagten. Das bedeuten die Beschreibungen wirklich:

All inclusive: Billige Alkoholika mit Kopfschmerz-Garantie. Viel → internationale Atmosphäre, oft mit Schwerpunkt Großbritannien/Skandinavien/Russland.

Alpenpanorama: Die Berge sind sehr weit weg.

Altes Fischerdorf: Souvenirverkauf wie beim → traditionellen Markt.

Animationsprogramm: laute Musik. Spaßtyrannen als Vortänzer. Interessant für Leute mit Freude am Fremdschämen. → Stranddisco.

Beheizbarer Swimmingpool: Heizung läuft nicht.

Berühmt für Irgendwas: So berühmt, dass man es auf jeden Fall noch mal sagen muss. Also unberühmt.

Buffet: Warteschlangen beim Essen.

Charmant: stark heruntergekommen.

Destination: ein Ort, an den man reisen kann. Nicht muss.

Direkt am Meer: Steilküstenlage. Darunter gelegentlich Geröllstrand.

Direktflug: keine Umsteigeverbindung, aber Zwischenlandungen.

Fine Dine: kleine Portionen, angerichtet von Hotel-Azubis. → Gourmet-Restaurant.

Frühbucherrabatt: Normalpreis. Günstiger als Mondpreis. Aber immer noch besser als → Last-Minute-Special.

Gourmet-Restaurant: Restaurant für Leute, die sich mit gutem Essen nicht so auskennen. Große Schwester von → Fine Dine.

Gratis W-LAN: langsame Internetverbindung.

Hausmannskost: sehr fettig. Sehr schwer. Sehr viel Fleisch zu sehr günstigem Einkaufspreis. Sättigungsbeilage hält, was sie verspricht.

Idyllische Lage: schwer zu erreichen.

Im Stil von/Irgendwas nachempfunden: kitschig oder billig oder beides.

Insider-Tipp: wo die anderen Urlauber auch sind.

Internationale Atmosphäre: Gäste aus Ländern mit hohen Alkoholpreisen. Oft bieten → All-inclusive-Angebote besonders viel internationale Atmosphäre.

Internationale Küche: ex-jugoslawisch.

Klassischer Basar: Souvenirverkauf wie beim → alten Fischerdorf.

Kontinentales Frühstück: Toast, Marmelade, Kaffee. Das war's.

Last-Minute-Special: die schlechtesten Zimmer zum Normalpreis → Frühbucherrabatt.

Meeresblick: Blick in Richtung des Meeres. Oft verbaut oder zu weit weg, um etwas zu erkennen.

Neue Hotelanlage: Bauarbeiten laufen noch.

Parkähnliche Landschaft: Bäume und Unkraut vorhanden.

Premium Economy: viel mehr Geld für wenig mehr Luxus.

Rustikal/gemütliche Einrichtung: geschmacklos. Seit den fünfziger Jahren nicht renoviert.

Stranddisco: die Megahits der Achtziger, Neunziger, Zweitausender und das Beste von heute. → Animationsprogramm.

Strand/Ortszentrum in Laufweite: Entfernung bis zu einem halben Tagesmarsch.

Südländische Atmosphäre: extrem laut. Vorsicht, Taschendiebe.

Traditioneller Markt: Souvenirverkauf wie beim → klassischen Basar.

Unaufdringlicher Service: so gut wie keine Bedienung.

Unvergleichlich: Das kennen Sie.

Vier Sterne (Landeskategorie): Weniger Komfort als Sie erwarten.

Wellness-Oase: Badezimmer mit Dusche/Badewanne.

Zentrale Lage/verkehrsgünstig: wahlweise an der Autobahn, an der Ausfallstraße oder einem anderen Verkehrsknotenpunkt. Gesundheitsgefährdende Lärmwerte.

Zimmer mit Aussicht: Der Raum hat ein Fenster.

Das Venedig des Nordens

Wenn Städte wie andere Städte heißen

Urlaub ohne Venedig ist eigentlich nicht möglich. Die norditalienische Lagunenstadt ist das Symbol für Tourismus überhaupt, es funktioniert auf der ganzen Welt. Wenn man lernen will, wie die Vermarktung von Reisezielen funktioniert, dann geht das nicht ohne die Stadt der vielen Brücken und Kanäle, die wie keine zweite ein globaler Sehnsuchtsort geworden ist.

Venedig ist Ihnen zu weit weg? Zu teuer? Oder zu voll? Nachvollziehbar. Praktischerweise gibt es Venedig nicht nur in Norditalien, sondern überall auf der Welt. Ähnlich wie Fastfood-Restaurants und Modeketten ist auch Venedig global filialisiert, sodass die Stadt der Träume nie wirklich weit entfernt liegt. Das haben wir Tourismusmanagern zu verdanken, die auf der ganzen Welt Als-ob-Venedigs entdecken oder gar entstehen lassen.

Zum Beispiel in Las Vegas. Eines der größten der sogenannten Themenhotels in der amerikanischen Wüsten- und Zockermetropole ist das Venetian. Zum Komplex gehört auch der benachbarte Palazzo, mit ihren gemeinsam etwa 7000 Zimmern können sie locker die Bevölkerung einer Kleinstadt aufnehmen. Das Venetian hat einen Campanile di San Marco und eine Rialtobrücke, erinnert fassadenmäßig an den Dogenpalast und hat sogar einen Canal Grande, der sich außen und innen an künstlichen Altstadthäusern vorbeischlängelt, und wenn die – ebenfalls künstlichen – Sonnenuntergänge erfolgen, singen die Gondolieri «O sole mio». Der Laden ist voll. Venedig macht's möglich.

Sie können natürlich auch in die andere Richtung reisen, nach Osten, oder genauer nach Macao. Auf der kleinen Insel vor Hongkong gibt es auch ein Venetian. Ebenfalls ein Zockercasino. Eine chinesische Kopie der amerikanischen Kopie des italienischen Originals. Venedig sei Dank.

Aber ja, Sie ahnen es: Auch Macao liegt nicht um die Ecke. Also geht das Spiel immer weiter, und praktischerweise erklären Tourismusexperten reihenweise gleich ganze Städte zum Quasi-Venedig. Achten Sie mal drauf, das ist sehr lustig. Sie werden in Dutzenden Reiseführern und Travel-Portalen Sätze finden wie «... wird wegen seiner vielen Brücken und Kanäle auch das Venedig des Nordens genannt». Vom wem, steht da nicht. Aber es reicht ja auch, den interessierten Reisenden vormachen zu können, dass sie praktisch nach Venedig fahren und dafür nicht einmal weit reisen müssen.

«Venedig des Nordens» nennen sich unter anderem Amsterdam, Stockholm, Brügge, Kopenhagen, Emden und Hamburg. Die Liste ist aber nicht vollständig, und natürlich gibt es auch Venedigs des Südens (Puerto de Mogán auf Gran Canaria, das brasilianische Recife, Johannesburg und das indische Kochi), Venedigs des Ostens (Dresden, Bangkok, St. Petersburg, Suzhou) und sogar Venedigs des Westens (die französischen Städte Nantes und Redon sowie Westport in Irland). Kurz gesagt, Venedig ist sicher auch in Ihrer Nähe. Und wenn nicht, dann behaupten Sie es einfach. Dann kommt Sie bald jemand besuchen. Der Name Venedig hat auf Touristen eine ähnliche Wirkung wie Erdbeerkuchen auf Wespen im Hochsommer.

Wohin aber fahren Touristen, die womöglich andere Städte bevorzugen?

Gute Frage. Aber natürlich haben Tourismusexperten auch darauf längst Antworten. Die Als-ob-Strategie lässt sich nämlich einfach umdrehen. Dann heißen nicht nur möglichst viele Städte wie Venedig, sondern auch wie viele andere Sehnsuchtsorte. Das hört sich komplizierter an als es ist. Sie verstehen es aber sofort, wenn Sie an den Spruch denken, wonach man viele Fliegen mit einer Klappe schlagen kann. Wir könnten hier wieder in Las Vegas beginnen, wo es außer Venedig ja auch Paris und New York gibt, auch als Themenhotels, mit Eiffelturm und Manhattan-Skyline. Aber andere Kombi-Reiseziele sind da längst weiter.

Um es abzukürzen: Fahren Sie nach Krakau! Krakau ist das Allerbeste. Der Traum aller Tourismusmanager und das Ziel der Wahl für alle, die sich nichts entgehen lassen und viel auf einmal erleben wollen. In Reiseberichten und -empfehlungen wird Krakau als Paris des Ostens, als Florenz des Nordens, als polnisches Rom und sogar zweimal als Venedig bezeichnet (Nord- und Südvariante). Das sind vier Städte in einem. Plus Krakau als Krakau, macht also eigentlich fünf. Wo gibt es das sonst noch?

Und wem das noch nicht reicht: Krakau hat weltweit die niedrigsten Bierpreise! Erstaunlich, aber wahr, wie die Reise-Suchmaschine GoEuro herausgefunden haben will. Im Schnitt aller Supermarkt- und Gastronomiepreise kosten 0,33 Liter in Krakau durchschnittlich nur 1,48 Euro und damit weniger als in allen anderen 75 untersuchten Metropolen der Welt. Im echten Venedig sind es übrigens 3,13 Euro.

Flüge ab 19 Euro

Die Verschleierungstaktiken der Reiseportale

Bevor wir uns mit Flugreisen befassen, müssen wir einen kleinen Abstecher in die Ökonomie unternehmen. Dazu sollten wir die Frage «Was halten Sie eigentlich so von Markttransparenz?» einem Volkswirt stellen.

In der Regel wird er antworten: «Das finde ich eine gute Sache.» Wenn der Ökonom in Erklärlaune ist, was bei Vertretern dieser Berufsgruppe ja häufig der Fall sein soll, wird er noch ein wenig über das Modell der vollkommenen Markttransparenz berichten. Vollkommene Markttransparenz ist eine wichtige Voraussetzung für perfekt funktionierende Märkte. Das wäre dann eine Spitzensache, aber leider nur im Konjunktiv.

Die Volkswirtschaft weiß spätestens seit 1935, genauer seit einem Aufsatz von Oskar Morgenstern, einem der Erfinder der Spieltheorie, dass vollkommene Markttransparenz immer graue Theorie bleiben wird. Morgenstern drückt es etwas komplizierter aus, aber im Grunde will er in seinem Aufsatz «Vollkommene Voraussicht und wirtschaftliches Gleichgewicht» sagen: Wenn alle Marktteilnehmer vollkommene Kenntnis über alle Marktparameter hätten, wüsste keiner mehr, wie er Geld verdienen sollte. Der perfekte Markt würde zusammenbrechen, bevor er sich gebildet hat.

Auf dem Weg hin zu dieser theoretischen Selbstzerstörung des Kapitalismus arbeiten die Ökonomen pragmatisch mit der Hypothese: Je mehr Transparenz in einem Markt herrscht, also je mehr Akteure sich ein möglichst genaues Bild über gehandelte Güter, Qualität, Preis, Lieferbedingungen und so weiter machen können, desto effizienter funktionieren Märkte. Transparenz verhindert zum Beispiel unfaire Preisabsprachen. Oder sie erlaubt Kunden, direkt mit Anbietern in Verbindung zu treten und Zwischenhändler auszuschließen, die dank Intransparenz in Märkten unverhältnismäßig hohe Margen einfahren. Letzteres nennen Volkswirte Disintermediation.

Die größte Maschine für Markttransparenz und Disintermediation aller Zeiten ist das Internet. «Cut out the middleman!» ist die Parole selbstermächtigter Onlineverbraucher, ihre schärfste Waffe sind Preissuchmaschinen und Vergleichsportale. Zum Beispiel solche für Flugpreise – und so langsam sehen Sie, warum wir unsere kurze Expedition in die Theorie unternommen haben. Es macht ja immer Spaß, Theorie und Praxis miteinander abzugleichen.

Um Flüge zu buchen, brauchen wir seit rund 15 Jahren kein Reisebüro mehr. Entsprechend schlecht steht es um die Zukunft des guten alten Mittelsmanns, des Reiseverkehrskaufmanns, der hinter einem hellgrauen Schreibtisch und vor Postern mit Palmen sitzt und unsere Eltern in der Regel redlich bei der Reiseplanung unterstützt.

Wir Selbstbucher vertrauen auf Vergleichsportale wie fluege.de, swoodoo.de oder opodo.de. Die erlauben uns schließlich, schnell den günstigsten Flug oder die günstigste Pauschalreise zu finden und besonders bequem zu buchen.

Das werden wir bei aller volkswirtschaftlichen Grundüberzeugung freilich nur so lange tun, bis wir einen Verbraucherschützer gefragt haben, was er eigentlich von Vergleichsportalen bezüglich ihrer Preistransparenz hält. In aller Regel wird er seine Erläuterungen beginnen mit: «Ich muss jetzt etwas vorsichtig sein, denn einige dieser Portale beschäftigen ganze Heerscharen von Anwälten, die jeden in Grund und Boden klagen, der ihre Verschleierungstaktiken transparent macht.»

Nach diesem Disclaimer wird der Verbraucherschützer vermutlich so redselig wie ein Volkswirt zur Theorie der vollkommenen Markttransparenz über wettbewerbsrechtlich verbotene Lockangebote, verschleierte Servicegebühren und die Vielzahl sogenannter Klick-Fallen sprechen, welche die Programmierer der Webseiten ihren Kunden stellen.

Die idealtypische Reise des Kunden zum Kaufknopf beim Buchungsportal verläuft dann aus Sicht der Abzocker wie folgt:

Der Kunde kommt auf die Seite, weil eine Suchanfrage vorschnell das Ergebnis auswirft: Hier gibt es den Flug, das Hotel oder die Pauschalreise günstiger als woanders. Oft wird dabei mit Mondpreisen gearbeitet – werden also Preisreduzierungen von einem angeblichen Regulärpreis vorgegaukelt, den in Wahrheit aber noch nie jemand bezahlt hat. Selbst wenn der Kunde nicht auf Mondpreise reinfallen sollte, versichert ihm die Webseite, dass er hier niemals mehr zahlen wird als bei der Fluglinie oder beim Reiseveranstalter selbst.

Die Suchfunktionen auf den Webseiten sind oft zum Einstieg ziemlich bequem. Warum also nicht hier stöbern und buchen? Ja nun, weil dem Kunden unter Umständen ein Teil des Angebots vorenthalten wird! Das steht freilich nirgends. Die Ergebnislisten sehen schon mal beeindruckend aus – und wer erst einmal die Suchmaske ausgefüllt hat, möchte ungern woanders noch einmal ganz von vorn anfangen.

Auf dem Weg zur Buchung begegnen dem Kunden unterdessen vielen Zusatzangebote. Das ist bei Onlinebuchungen nicht ungewöhnlich. Airlines machen das auch, wenn sie an Mietwagen mitverdienen wollen. Bei vielen Vergleichsportalen hat dieses sogenannte Upselling aber eine etwas andere Qualität. Verkleidet in die harmlos klingende Frage «Soll die Reise kostengünstig stornierbar sein?» wird mitunter ein Jahresvertrag einer Reiserücktrittsversicherung mit ungewöhnlich hoher Selbstbeteiligung verkauft, der sich automatisch verlängert und bei dem im zweiten Jahr der doppelte Beitrag fällig wird. Die Häkchen sind bei solchen freundlich formulierten Abzock-Angeboten freundlicherweise bereits gesetzt. Der Verbraucher muss sie bewusst entfernen und den Verzicht auf das tolle Zusatzangebot bei manchen Anbietern sogar noch ein zweites Mal bestätigen.

Am Ende des Kaufprozesses warten dann die bei Reisen üblichen Steuern und Gebühren. So sieht es zumindest auf dem Bildschirm aus, wenn die vom Portal erhobene zusätzliche Servicepauschale so heißt. Die üblichen Steuern und Gebühren zahlt der Kunde natürlich sowieso. Nun ist es nach europäischem Recht eigentlich verboten, mit Preisen zu locken, bei denen später versteckte Gebühren hinzukommen. Nicht verboten ist es allerdings, nur eine einzige Zahlungsmethode zuzulassen, bei der dieser günstige Lockpreis gilt, zum Beispiel eine bestimmte Kreditkarte – die aber so gut wie niemand in Deutschland besitzt.

Stiftung Warentest und Verbrauchermagazine kommen regelmäßig zu dem Schluss: Es gibt wenige positive Ausnahmen, zum Beispiel expedia.de, während viele Reiseportale die Markttransparenz nur simulieren, dafür aber die eigenen Margen verschleiern.

Volkswirte würden an dieser Stelle eine Gegenfrage stellen: Wenn es der Sinn von Markttransparenz ist, Mittelsmänner umgehen zu können, warum suchen wir uns dann eigentlich neue, die das Gegenteil von Transparenz anstreben? Verbraucherschützer gehen in der Regel etwas pragmatischer an die Sache ran. Sie stellen keine Gegenfragen, sondern raten: Schauen Sie auf verschiedenen Portalen nach günstigen Tarifen. Und buchen Sie dann direkt.

Heul doch, HON!

Vom ökonomischen und emotionalen Wert der Statusmeilen

Der Mann trug einen dunkelblauen Anzug und eine hellblaue Krawatte. Neben ihm stand ein kleiner Rollkoffer, handluggage-size. Er schaute die Frau am Zugangsschalter zur Senator-Lounge fassungslos an. Sie lächelte zunächst verlegen. Dann lächelte sie nicht mehr und sagte, es tue ihr sehr leid. Aber sie habe strikte Anweisung, in Fällen wie diesen so zu handeln. Aus Sicherheitsgründen. Sie nahm eine stabile Schere aus einer Schublade und schnitt die schwarze Karte mit MasterCard-Logo in zwei Hälften. Sie fragte, ob sie diese entsorgen solle. Der Mann im dunkelblauen Anzug antwortete nicht. Er weinte. Er war kein Member des HON-Circles mehr.

Ich war nicht dabei, als das passiert ist. Wie sollte ich auch, ich habe ja nicht einmal Gold-Status bei Miles & More. Vom Senator-Status, der mir Zugang zu der Lounge verschaffen würde, bin ich Zehntausende Meilen weit entfernt, vom HON-Status Hunderttausende. Ein guter Freund hat mir die Szene geschildert. Glaubhaft und mit einer Mischung aus Empathie und Selbstreflexion über Schein und Sein im globalen Berufsnomadentum. Der

Freund ist Partner in einer der großen Strategie-Beratungen. Er hat selbst seit mehr als 15 Jahren HON-Status, und er ist trotz aller Begabung zur Selbstironie erkennbar stolz darauf.

Der HONorary-Circle der Lufthansa und ihrer Partner-Airlines ist ein kleiner, elitärer Kreis. Wie es sich für kleine, elitäre Kreise gehört, ist nicht bekannt, wie viele Menschen dazu zählen. Namhafte Fachportale wie meilenguru.de gehen von weniger als 8000 HONs weltweit aus. Sie rechnen vor, dass ein Vielflieger in der Businessklasse in zwei Kalenderjahren (Achtung! Nicht binnen zwei Jahren ab dem ersten Flug!) mindestens 25-mal von Mitteleuropa an die Westküste der USA oder nach Fernost geflogen sein muss, um die geforderten 600 000 Statusmeilen (Achtung! Nicht zu verwechseln mit Prämienmeilen, die Sie auch in der Holzklasse sammeln können!) zu bekommen.

Mein Beraterfreund schätzt seinen Ehrenstatus wegen der relativ häufigen Upgrades von Business zu First Class. Das sei nun mal wirklich ein riesiger Unterschied. Den weltweiten Concierge-Service nutze er selten. Tickets für ein Baseballspiel könne er sich schon noch selbst besorgen, und Restaurant-Reservierungen übernähmen ja in der Regel die örtlichen Geschäftspartner. Dann kommt er zum eigentlichen Punkt. Er merkt es, es ist ihm schon ein wenig peinlich, er sagt es aber trotzdem: «Es ist allerdings schon ganz nett, mit einer S-Klasse über das Rollfeld gefahren zu werden, während die anderen in einer Schlange warten.»

George Torok ist kein Meilenguru, sondern ein US-amerikanischer Marketing-Guru. In seinem Bestseller «Secrets of Power Marketing» benennt er fünf emotionale Auslöser, die Menschen zu irrationalem Kaufverhalten verleiten: Liebe, Schuld, Angst, Stolz und Gier. Statusprogramme von Fluglinien drücken in seiner Logik vor allem auf die Knöpfe von Stolz und Gier. Warum?

Neutral formuliert sind die Vielfliegerkarten der Fluggesellschaften zunächst einmal Instrumente zur Kundenbindung. Das erste umfassende dieser Art führte American Airlines 1981 ein, als das Unternehmen zur eigenen Überraschung feststellte: 40 Prozent der Umsätze kamen von nur fünf Prozent der Kunden. In der Folge haben alle großen Airlines Anreizsysteme geschaffen.

Sie gewähren Privilegien, die sich nicht direkt kaufen, sondern nur erfliegen lassen. Diese Privilegien sind für andere Fluggäste oft erkennbar – so wie der rote Teppich am Check-in, die edlen Karten, oft goldfarben oder aus Metall. Oder eben der Limousinenservice, auf den alle starren, während sie genervt darauf warten, endlich einsteigen zu dürfen. Vielflieger wie mein Beraterfreund haben also nicht einmal ganz zu Unrecht das Gefühl, dass sie sich ihren Status in der Regel durch viele Dienstreisen erarbeitet haben und damit «zu Recht» auf ihre Sonderbehandlung stolz sein können.

Großzügige Upgrades bei Flügen nimmt jeder gerne mit, aber die Zusatzangebote haben besonders beim Übergang von Economy Class zur nächsthöheren Stufe (Premium-Economy oder Business) «all you can eat or drink or take»-Elemente. In den Lounges gibt es Speisebuffets und freien Zugang zu Kaffeeautomaten und Kühlschränken. Im Flugzeug folgt dann Champagner, bis der Kunde abwinkt. Kurzum: Er kann der Gier auf qualitativ hohem Niveau in einem Umfeld freien Lauf lassen, in dem andere für jede warme Cola vier Euro zahlen müssen.

Von außen betrachtet ist vor allem spannend, wie gut die Anreizsysteme funktionieren – und das in doppelter Hinsicht. Sie verleiten nicht nur kluge, selbstreflektierte Menschen, offen zuzugeben, wie gut es sich anfühlt, öffentlich besser behandelt zu werden als andere. Sie bringen auch erfolgreiche Geschäftsleute zum Weinen, wenn sie ihren Meilen-Status verlieren. Letzteres ließe sich mit dem von dem US-amerikanischen Soziologen Charles Wright Mills beschriebenen Phänomen der «White-Collar-Panic» vergleichen, also den irrationalen Überreaktionen von erfolgreichen Mittelschichtsmenschen, die sich durch welche Umstände auch immer plötzlich vom Abstieg bedroht sehen.

Noch erstaunlicher ist allerdings, wie viel Geld die Airlines mit den scheinbar so wertvollen Privilegien verdienen. Das Vielfliegerprogramm Miles & More wird von einer 100-prozentigen Tochter der Lufthansa AG betrieben. Deren Gewinne werden zwar nicht gesondert in der Lufthansa-Bilanz ausgewiesen. Insider gehen aber davon aus, dass die Gewinne die Milliardengrenze überschritten haben und die Lufthansa bald mehr mit dem Vielfliegerprogramm verdienen wird als mit dem Flugbetrieb selbst. Wie kann das sein? Eine Flugmeile zu produzieren kostet die Airline nur den Bruchteil eines Cents. Partnerfirmen wie Hotels- oder Mietwagenanbieter zahlen aber pro Meile mehrere Cents, um die begehrten Meilen ausgeben zu dürfen.

Somit sind Meilen vom Kundenbindungs-Instrument zum eigenen Geschäftsmodell geworden. Dieses Modell funktioniert deshalb so gut, weil der ökonomische Wert der Meile dem emotionalen Wert beim Kunden folgt. Tränen sind teuer.

Sparpreis-Tickets und andere optische Täuschungen

Warum wir immer das falsche Verkehrsmittel wählen

Sie stehen im Stau. Und natürlich wieder in der falschen Spur. Wie immer! Rechts geht es ganz gut voran. Links auch. Nur bei Ihnen nicht!

Statistisch kann es freilich gar nicht sein, dass Sie immer die falsche Spur erwischen. Und die Statistik hat recht.

Die Sache mit der immer falschen Spur kommt Ihnen nur so vor. Das Rätsel dieser tief in Autofahrern verankerten Fehlwahrnehmung hat vor einigen Jahren der linksliberale Nobelpreisträger Paul Krugman gelöst, als es auf dem Interstate 91 im Nordosten der USA für ihn nicht voranging. Wir vermuten nur, dass er in einem Volvo-Kombi saß, wie es sich für einen anständigen amerikanischen Linksliberalen gehört.

Im Kern läuft Krugmans Staurätsel-Lösung (ähnlich wie bei der Bistro-Mathematik in Kapitel 3) auf eine intellektuell abgespeckte – und dafür mit einer guten Portion Egozentrik aufgerüstete – Variante der Relativitätstheorie heraus. Es geht folglich um das Verhältnis von Zeit, Raum und Ich.

Der Ökonom geht in einem Gedankenexperiment davon aus, dass die sich ändernden Fahrtgeschwindigkeiten auf allen Spuren statistisch gleichmäßig verteilt sind. Keiner darf die Spur wechseln. Mal sind Sie schneller, mal die anderen. Das bedeutet allerdings nicht, dass Sie genauso lange Zeit schnell wie langsam fahren.

In einem typischen Stau steht man relativ lange oder kriecht vor sich hin und kann dann kurz schneller fahren, bevor es wieder stockt. Das erzeugt bei Ihnen den subjektiven Eindruck: Stundenlang rasen Autos an mir vorbei, während ich selbst immer nur ganz kurze Zeit Fahrt aufnehmen und Strecke machen kann. Das ist zwar richtig – aber den anderen ergeht es genauso. Was wir selektiv nicht wahrnehmen, ist: In der kurzen Fahrtzeit überholen wir genauso viele Fahrzeuge, wie wir unsererseits während der längeren Standzeit überholt werden. Die ökonomische Ableitung daraus ist relativ einfach: Spurenwechsel bringt nichts außer zusätzlichem Stress und weiterer Verlangsamung für alle.

Deutlich schwieriger zu beantworten ist hingegen die Frage, ob – und wenn ja wann – das Auto im Vergleich zu anderen Verkehrsmitteln überhaupt die richtige Wahl ist. Im Grundsatz haben wir es bei der Entscheidung über das Fortbewegungsmittel ja mit einer ähnlichen Problematik zu tun. Gefühlt trifft man immer die falsche Entscheidung.

Wenn wir das Fahrrad nehmen, fängt es gerade an zu regnen. Wenn wir im Zug von Berlin nach Stuttgart sitzen, denken wir spätestens in Fulda: Hätte ich doch das Flugzeug genommen, dann wäre ich längst da. In der überfüllten Flughafen-Wartezone vor dem Gate kommt uns das Auto als der mit Abstand intelligenteste aller Verkehrsträger vor. Und an der Zapfsäule an der Autobahnraststätte denken wir, dass der Fernbus echt günstig wäre.

Leider liefert Krugman keine Hinweise, wie wir in diesem deutlich komplexeren Setting der unterschiedlichen Verkehrsträger intelligentere Entscheidungen treffen können. Wir sind da leider auf Studien des ökologisch ausgerichteten Verkehrsclub Deutschland (VCD) angewiesen.

Der VCD definiert für seine Suche nach «intelligenter Mobilität» zunächst drei Hauptkriterien: Zeit, Geld und Kohlendioxid-Emissionen. Wenn man diese in diversen Streckenszenarien gegeneinander laufen lässt, kommen ein paar überraschende und viele erwartbare Ergebnisse heraus.

Erwartungsgemäß ist Fliegen für grün voreingestellte Verkehrsökonomen komplett indiskutabel (von transatlantischen Notsituationen abgesehen). Nur ökonomische Volltrottel ohne Spurenelemente von ökologischem Gewissen können auf die irrsinnige Idee kommen, in ein Auto zu steigen und sich dann im Stau Gedanken darüber zu machen, welche Spur die weniger langsame sein könnte. Der Fernbus ist für den VCD überraschend umweltfreundlich – aber viel zu langsam.

Die einzig wirklich intelligent mobilen Menschen sind in der Stadt die Rad- und außerhalb der Stadt die Bahnfahrer. Für die Strecke Berlin-Innenstadt nach Frankfurt-Innenstadt braucht man laut Studie «von Tür zu Tür» nur vier Stunden und 19 Minuten mit der Bahn. Dafür kostet das mit Sparticket nur 29 Euro.

Mist: Ich scheine immer den falschen Zug von Tür zu Tür zu erwischen. Und das falsche Ticket ebenfalls. Ich habe mir deshalb vorgenommen, Paul Krugman eine E-Mail zu schreiben. Er soll mir mal erklären, ob es auch eine Art optische Täuschung ist, dass Sparpreis-Tickets in der Werbung der Bahn eine extrem große Rolle spielen, man sie aber nur sehr selten kaufen kann. Und wenn dann nur für Züge, die nicht in meinen Reiseplan passen.

Tankeschön

Ist Benzin montags tatsächlich am billigsten?

Sie sitzen im Auto auf dem Rückweg vom Büro. Es ist Montag. Sie haben am Morgen getankt, denn Sie wissen seit langem: Montags ist der Sprit am billigsten. Und jetzt, auf dem Weg nach Hause, denken Sie an jeder Tankstelle: «Das kann doch nicht wahr sein.» An den Markentankstellen ist der Liter fünf Cent billiger. An den No-Name-Zapfsäulen hätten Sie im Vergleich zum Morgen sogar sieben bis acht Cent pro Liter gespart. Das macht insgesamt mindestens fünf Euro.

Freie Tankstellen sind nicht Ihr Ding. Für Markenbenzin nehmen Sie wenige Prozent Mehrpreis in Kauf. Das sind Sie Ihrem Motor schuldig. Aber Sie nehmen sich vor: «In Zukunft tanke ich nur noch montags am späten Nachmittag.»

Benzinpreisstudien des Rheinisch-Westfälischen Wirtschaftsinstituts und dem ADAC sagen zu diesem Plan: Damit liegen Sie schon besser als mit der selbst gesetzten Spar-Regel «Immer montags voll». Allerdings können Sie das «montags» gedanklich streichen und sollten noch genauer das Preisänderungsmuster im Tagesverlauf beachten. Denn die Studien kommen zu folgendem Ergebnis:

Es gibt beim Benzinpreis keinen statistisch signifikanten Unterschied mehr zwischen den Wochentagen. Montags ist der Sprit nicht mehr billiger, so wie man es in den achtziger und neunziger Jahren gelernt hat. Ebenfalls überholt ist die Regel, wonach der Benzinpreis am Wochenende am höchsten ist, weil Kunden in Kurzurlaubsstimmung am wenigsten preissensitiv sind.

Ein Blick auf die Daten der letzten Jahre verrät, dass Benzin über alle Marken- und No-Name-Tankstellen hinweg in den frühen Abendstunden im Schnitt am günstigsten ist. Zwischen 18 und 20 Uhr ziehen die Preise dann relativ stark an und erreichen in der Regel gegen 23 Uhr ihren Höchststand. Dort verharren sie dann meist bis in die frühen Morgenstunden. Kontraintuitiv sinkt der Preis dann zunächst leicht im Berufsverkehr. Vom späteren Vormittag an purzeln die Preise dann auf ihr Tagesminimum am frühen Abend. Wer also sparen möchte, sollte zwischen 17 und 18 Uhr an die Tanke rollen. Das ist heute das Zeitfenster, in dem die Tankstellenbetreiber die größten Lockanreize per Benzinpreis setzen möchten.

Aber bei Preisanreizen ist natürlich grundsätzlich Vorsicht geboten.

In den frühen Abendstunden ist die Verlockung nämlich am größten, beim Angebot der Tankstellen-Shops zuzugreifen und sich so den Weg zum Bäcker oder Supermarkt zu sparen. Die Marge beim Benzin ist gering, jene bei Getränken, Scheibenkäse und Grillkohle jedoch sehr hoch.

Hier machen sich die Tankstellen einen altbekannten Trick der Verhaltensökonomie zunutze: Wer schon lästige Pflichtaufgaben erledigt, wie eben Tanken, der belohnt sich gerne selbst. Zur Belohnung wiederum gehört, gerade nicht akribisch auf den Preis zu schauen. Man gönnt sich ja was! Und denkt nicht daran, dass man vor allem dem Händler einen überzogenen Gewinn gönnt.

Auf einer Liter-Flasche Evian für 2,50 sind mindestens zwei Euro Händler-Marge. Beim Liter Milch für 1,99 Euro sind es mindestens 1,50. Wer noch Würstchen für 4,50 mit zur Kasse nimmt, hat den erplanten Preisvorteil von fünf Euro beim Tanken umgehend durch den Lebensmittel-Impulskauf an den Tankstellenbetreiber zurückgeführt. Fair genug für alle Beteiligten, wenn der Impulskauf vom Kunden zumindest als solcher erkannt wird und der bewusst entschieden hat: Mir ist es die fünf Euro wert, wenn ich den Umweg zum Supermarkt spare.

Ökonomisch gesehen keinen Sinn ergibt es hingegen, seinem Motor sogenanntes Markenbenzin gönnen zu wollen. Das Benzin von Shell, Aral, BP und so weiter kommt aus den gleichen Raffinerien wie jenes von Jet oder der freien Tankstellen. Die Kraftstoffqualität ist für Deutschland gesetzlich geregelt und in Kraftstoffnormen festgeschrieben. Diese gelten natürlich sowohl für Marken- als auch für Billiganbieter.

Den Mythos vom besseren Benzin versuchen einige

Markentankstellen mit Additiven aufrechtzuerhalten – also Zusatzstoffen. Bei denen kommt allerdings selbst der grundsätzlich Marken-freundliche ADAC zu dem Ergebnis: «Inwieweit diese Additive wirksam sind, lässt sich kaum praxisgerecht prüfen.»

Wir können das alles auch in drei Sätzen sagen: Tanken Sie um 18 Uhr bei einer Billigtankstelle, egal an welchem Wochentag. Aber passen Sie auf, dass Sie dann vor lauter Freude über günstiges Benzin weder Bier noch Würstchen im Tankstellen-Shop einkaufen. Es sei denn, Bequemlichkeit und Zeitersparnis sind Ihnen die vollkommen überzogenen Preise wert.

Freude am Fahren

Womit Autohändler ihr Geld wirklich verdienen

Stellen Sie sich eine Tierärztin und einen Autoverkäufer vor. Mit welcher der beiden Personen wären Sie lieber befreundet? Nicht schwierig, oder?

Mit hoher Wahrscheinlichkeit haben Sie die Tierärztin gewählt. Und warum? Weil eine Reihe von Vorurteilen Sie dazu gebracht haben. Denn abgesehen von Geschlecht und Beruf hatten Sie keine Informationen über die beiden Personen. Dabei könnte die Tierärztin eine griesgrämige Zynikerin sein, die während der Nachtschicht im Schlachthof Schweinehälften auf Wundbrand kontrolliert (Sie haben eher an Meerschweinchen oder flauschige Retriever-Welpen gedacht, stimmt's?). Und der Autoverkäufer ist vielleicht kein schleimiger Schönredner mit zu kurz gebundener Krawatte, sondern ein richtig netter Kerl.

Das Problem ist nur, dass Vorurteile eben doch oft zutreffen. Sie entstehen, weil sie in der Summe den tatsächlich gemachten Erfahrungen entsprechen und wieder und wieder bestätigt werden. Immerhin 44 Prozent aller Autohauskunden berichten in einer Umfrage der Nürnberger Puls Marktforschung von 2011 über «besondere Negativerlebnisse». Irgendwann erkennt das Gehirn in solchen Erlebnissen ein Muster und speichert es in Form einer Faustregel ab. Dieses Spiel mit Wahrscheinlichkeiten mag im Einzelfall ungerecht sein, erleichtert jedoch das Leben. Also ist anzunehmen, dass Ihre grundlegende Skepsis gegenüber Autohändlern mehr oder weniger berechtigt ist.

Alles beginnt typischerweise mit der Kumpelmasche, einem der Klassiker der Vertrauensbildung. Interessieren wir uns im Autohaus für ein bestimmtes Modell, fällt unter Garantie der beiläufige Satz: «Den fahre ich privat auch.» Das wirkt! Etwas Besseres kann uns als Kunden kaum passieren. Schließlich ist der Verkäufer ein Profi, und wenn der sich für ein bestimmtes Modell entscheidet, wird das gute Gründe haben. Soll heißen: Meine Wahl ist richtig. Ich bin genauso schlau wie der Profi, und schon stehen wir auf derselben Seite. Auf seiner Seite, natürlich. Was die Sache schnell teurer macht.

Spannend wird es beim Preis. Ihnen ist sicher auch schon aufgefallen, dass in keinem Autohaus Neuwagen herumstehen, deren Kaufpreis nicht irgendwie reduziert ist. Hauspreise, Sondereditionen, Unter-Listenpreis-Aktionen und vieles mehr, immer zweistellige Prozentsätze unter dem angeblichen Normalpreis. Aber machen Sie sich keine Sorgen: Der angeblich normale Preis ist überhöht, der Rabatt längst mit einkalkuliert. Kein Autohändler verkauft etwas, um Verluste zu machen. Die Pseudorabatte sollen Ihren Widerstand brechen. Ein Kunde, der hier schon glaubt, ein Schnäppchen zu machen, wird weniger hart verhandeln oder sich leichter das ein oder andere Extra aufschwatzen lassen.

Verhaltenspsychologen kennen das als Kontrastprinzip. Es ist in zahlreichen Spielarten bestens erforscht und besagt nichts weiter, als dass wir Probleme damit haben, unterschiedliche Sinneseindrücke zur gleichen Zeit angemessen miteinander in Relation zu setzen. Große und kleine Geldbeträge zum Beispiel.

Fangen wir bei den großen Summen an. Ein neuer VW Golf kostet in einer billigen Version gut 17 000 Euro, ein 3er BMW um die 38 000 Euro, und für einen Mercedes der E-Klasse sind ungefähr 41 000 Euro fällig. Ohne viele Extras, das ist wichtig. Wenn wir uns nämlich erst einmal entschieden haben, mehrere zehntausend Euro für das eigentliche Fahrzeug auszugeben, kommt die nächste Frage. Ob wir nicht die etwas bessere Klimaanlage, das Multimediasystem oder die Sitzheizung dazu bestellen. Für nur ein paar tausend Euro.

Diese paar tausend Euro sind für sich betrachtet viel Geld. Das nehmen wir aber nicht wahr, wenn wir kurz zuvor etwas weitaus Teureres gekauft haben. Dann erscheint uns der Preis für das nette Extra verhältnismäßig klein. Wir vergleichen ihn mit dem hohen Kaufpreis des Autos und fragen nicht mehr, ob das Ding an sich sein Geld wert wäre. Das liegt am Kontrastprinzip. Und im festen Glauben, beim Auto selbst günstig weggekommen zu sein, gehen wir davon aus, dass das auch bei der Zusatzausstattung so ist. Schon sitzen wir in der Falle.

Ist das ein Deal?

Natürlich nicht! Denn mit den überteuerten Extras ist noch lange nicht Schluss. Haben Sie vielleicht vor, Ihren alten Gebrauchten in Zahlung zu geben? Und haben Sie sich mit dem Verkäufer vielleicht schon darauf geeinigt, dass er Ihnen dafür – sagen wir – 800 Euro auf den Neuwagen gutschreibt? Fein. Dann begleiten Sie ihn in sein Büro. Für den Papierkram. Und für eine Überraschung.

Gut möglich, dass Ihr Gegenüber noch mal in einem dicken Ordner blättert oder im Computer die Standardpreise für Gebrauchtwagen checkt. Und wetten, dass er dann ein überraschtes Gesicht macht, vielleicht etwas schuldbewusst schaut, weil er sich vertan hat und Ihre alte Kiste laut Liste doch nur 500 Euro wert ist? Oh je, und jetzt?

Das nennt man die Lowball-Methode, mit der man Ihnen ganz am Ende noch mal ein paar hundert Euro abnimmt. Weil Sie bequem sind und schon so viel Zeit und Mühe investiert haben. Nun wollen Sie den Deal keinesfalls noch scheitern lassen, wegen dieser paar hundert Euro. Und können das auch vor sich selbst rechtfertigen – immerhin glauben Sie ja, wegen der Sache mit dem Rabatt auf den Listenpreis ein Schnäppchen gemacht zu haben.

Und jetzt raten Sie mal, wer zuletzt lacht.

KAPITEL 5

Irrgarten Internet

Die Geschäftsmodelle der digitalen Verkäufer

Kuratiertes Shoppen

Geschmackvolle Mode für Menschen ohne Geschmack

Kuratieren, das klingt edel und klug. Nach Museum. Nach jemandem, der die Welt der Kunst kennt und mit Wissen und Gespür eine in sich schlüssige und im Kunstdiskurs relevante Ausstellung zusammenstellt. Diese lenkt unseren Blick auf Werke, die wir selbst nie entdeckt hätten, und erweitert unseren ästhetischen Horizont.

Betreuen, das klingt irgendwie anders. Nach Kindern, die Aufsicht brauchen, oder nach Senioren, die nicht mehr alleine zurechtkommen. Die Gründer von Modomoto, Outfittery, Kisura oder 8select bezeichnen ihre Internetläden mit eingebautem Beratungsangebot in Interviews immer als «curated shopping». Die Studien zu diesem neuen Online-Verkaufstrend nutzen stattdessen oft den Begriff «betreutes Einkaufen». Ich persönlich muss zugeben: Ein wenig Betreuung täte mir bei der Auswahl meiner Klamotten gut.

Ich gehöre zur Zielgruppe der Online-Shopping-Kuratoren. Ich bin ein Mann, zwischen 30 und 60, berufstätig und habe wenig Zeit. Mir macht Shopping im Allgemeinen und von Mode im Besonderen keinen Spaß. Allerdings bin ich eitel und möchte gut aussehen. Ich bin anfällig für Lockvogelangebote und habe einen Gutschein im Wert von 50 Euro für den Ersteinkauf bei einem der neuen Portale zugespielt bekommen. Das war gutes Timing. In meinem Umfeld häufen sich die Andeutungen, dass meine geschmackliche Sicherheit bezogen auf meinen Style noch verbessert werden könnte.

Nachdem ich online einen Fragebogen zu meinen Vorlieben ausgefüllt habe, darf ich mit meiner Styleberaterin Jule per Skype sprechen. Für den Video-Chat habe ich mir eine dunkelblaue Jeans, Sneakers von New Balance und ein schwarzes Hemd angezogen. Nummer sicher. Man will ja nicht direkt als geschmacklicher Vollhonk in der Kundenkartei landen.

Im Laufe des Gesprächs sagt Jule, sie finde das alles «grundsätzlich nicht schlecht» und empfiehlt mir smart casual. Das passe zu meinem Typ. Das finde ich auch und bin gespannt, wie smart casual eigentlich zum Anziehen aussieht. Jule schlägt vor, dass ich mein jetziges Outfit um einen taubenblauen Blazer «anreichern» könne. Schwarze Chelsea-Boots mit blauem Einsatz im Schaft würden «das Ganze aufwerten». Aha.

Sie stellt mir viele Fragen, auf die ich keine echte Antwort weiß. Zum Beispiel: Was ich am liebsten trage, wenn ich mit neuen Freunden ins Kino gehe. Aber wenn ich neue Freunde finden würde, würde ich vermutlich nicht mit ihnen ins Kino gehen. Mir ist schon klar, dass Jule mit der Antwort «Ich nehme halt, was oben auf dem Wäschestapel liegt» nicht wirklich zufrieden sein würde. Also denke ich mir irgendwas aus. Etwas, das in Richtung smart casual gehen könnte. Bald fühle ich mich wie ein Patient, der trotz offenkundiger Symptome seinem Arzt vorgaukelt: «Eigentlich geht es mir ganz gut.»

Als der Chat vorbei ist, bin ich erleichtert. Nun freue ich mich auf das Paket mit zwei Outfits. Jule hat gesagt, ich solle davon wirklich nur das behalten, was mir wirklich gefällt. Wenn sie meine Rücksendungen analysiert, werde sie mich im Lauf der Zeit immer besser kennenlernen. Hat sie gesagt. Je länger wir zusammen an meinem Stil arbeiten, hat mir Jule versprochen, desto bessere Vorschläge werde sie mir machen können.

Wie viele Menschen mit mangelnder Stilsicherheit interessiere ich mich für Daten und Statistik. Also recherchiere ich im Netz nach den Rücksendequoten bei kuratiertem Shoppen. Ich finde viele widersprüchliche Aussagen von Gründern und Online-Handelsexperten. Kennziffern, die ein zahlengetriebener Mensch mit Spezialinteresse für Online-Geschäftsmodelle als belastbar einstufen würde, finde ich nicht.

Das lässt den Verdacht aufkeimen, dass mir Jule ziemlichen Unsinn erzählt hat.

Als das Paket kommt, öffne ich es sofort. Der Inhalt wirkt auf den ersten Blick deckungsgleich mit dem Inhalt des Pakets, das auf meinem Gutschein abgebildet ist, mit dem alles anfing. Im Paket liegt auch eine Rechnung. Alle Artikel kosten zusammen 760 Euro, abzüglich meines

Gutscheins. Das Zeug ist brutal teuer. Schon seltsam. Da locken mich Unternehmen mit Rabattgutscheinen. Zugleich behaupten ihre Gründer in Interviews regelmäßig: «Unsere Zielgruppe ist nicht preisempfindlich. Sie ist bereit, für gute Beratung gutes Geld zu zahlen.» Entweder ist das gelogen, oder ich gehöre doch nicht zur Zielgruppe.

Ich schiebe den Gedanken allerdings umgehend beiseite, als ich Jules handschriftliche Karte im Paket entdecke. Sie bedankt sich «noch einmal für das nette Gespräch». Und sie hofft, «meinen individuellen Geschmack getroffen zu haben». Sie nennt mich Christian.

Liebe Jule,
ich habe dir nie persönlich zurückgeschrieben. Das möchte ich an dieser Stelle nachholen. Ich heiße nicht Christian. Die Chelsea-Boots im Paket fand ich gut, aber sie waren doppelt so teuer wie bei den meisten Online-Schuhversendern. Deshalb habe ich auch die zurückgeschickt. Ich habe auch nicht mehr auf die vielen Mails reagiert, in denen du Christian vorgeschlagen hast, gemeinsam weiter an seinem «Style zu feilen». Da fühlte ich mich persönlich nicht so gut betreut.

Retarget the target

Wie uns digitale Werbung im Netz verfolgt

Wo waren Sie am 27. Oktober 1994? Waren Sie damals bereits im Internet? Und falls ja: Besuchten Sie an jenem Tag zufällig die Webseite HotWired.com, dem Vorläufer des späteren Kultmagazins für die digitale Revolution *Wired*?

Vermutlich nicht. Ich auch nicht. Ich war damals Anfang zwanzig, und mein Zugang zum Internet beschränkte sich auf eine kryptisch klingende E-Mail-Adresse. Um in mein digitales Postfach zu schauen, ging ich ein oder zwei Mal pro Woche in die Universitätsbibliothek. Von kalifornischen Webseiten, auf denen die Zukunft des Internets diskutiert wurde, hatte ich damals noch nichts gehört. Und so habe auch ich einen historischen Moment der Werbegeschichte verpasst.

Am 27. Oktober 1994 schaltete der US-Telefon-Riese AT&T auf HotWired den ersten Werbebanner. Der war graphisch ausgesprochen hässlich: eine schwarze Fläche mit pixeligen, bunten Buchstaben und einem seltsam proportionierten Pfeil. Inhaltlich und passend zum Kontext des neuen Mediums erschien die erste digitale Anzeige in ihrer Schlichtheit allerdings brillant. «Haben Sie hier schon einmal mit Ihrer Maus geklickt? Sie werden es tun!», lautete der Text. Und 78 Prozent der Nutzer folgten am ersten Tag dieser Anweisung. Klick.

Wie viele Internetnutzer klicken heute durchschnittlich auf einen Werbebanner? Schätzen Sie mal. Es sind weniger als fünf Promille! Also weniger als fünf von 1000 Nutzern, die eine Werbung auf ihrem Bildschirm ernsthaft interessieren. Oder anders gerechnet: Um die gleiche Wirkung zu erzielen, muss ein digitales Banner heute mindestens 156-mal so oft angezeigt werden wie am Tag, an dem das neue Werbeformat erfunden wurde.

Onlinewerbung ist ein seltsames Paradoxon. Auf der einen Seite scheint der Siegeszug der flackernden Anzeigen nicht zu stoppen zu sein. Jahr für Jahr nehmen die digitalen den analogen Werbern Aufmerksamkeit weg (gemessen in «Eyeballs»), Etats (gemessen in Landeswährung) und Anerkennung durch die werbetreibende Industrie (gemessen in Anzahl der Keynotes der Geschäftsführer von Digitalagenturen auf Werberkongressen und Depressionserkrankungen unter Regisseuren von Kino-Werbespots). Auf der anderen Seite ist offenkundig: Die Geschichte der Bannerwerbung ist eine einzige Abwärtsspirale der Wirksamkeit, bei gleichzeitiger steigender Aufdringlichkeit. Je häufiger die Internetnutzer mit Werbebotschaften zugeballert werden, desto seltener beachten sie sie.

Wenn heute 0,25 Prozent der Nutzer auf einen Banner klicken, gilt das schon als Erfolg. Bei einem Prozent – das ist einer von 100 Nutzern! – halten sich die Online-Marketers umgehend für Rockstars.

Die meisten Rockstars der Branche setzen neuerdings auf «Retargeting». Das ist das vielversprechendste Mittel, um unfassbar schlechte Klickraten im einstelligen Promillebereich auf ein akzeptabel mieses Niveau im zweistelligen Promillebereich zu heben. Da Onlinewerbung nämlich wahnsinnig billig ist, rechnen sich selbst akzeptabel miese Klickraten für die Werbetreibenden.

Als Verbraucher kennen Sie Retargeting. Vielleicht kennen Sie nicht den Fachbegriff, aber Sie sehen das «erneute Zielen» der Onlinewerber auf Sie als potenziellen Kunden jeden Tag auf einem Ihrer vielen Bildschirme.

Sie haben sich beispielsweise bei Zalando einen blauen Adidas-Turnschuh angeschaut. Nicht gekauft, nur angeschaut! Und nun sehen Sie diesen Schuh wochenlang wieder auf Werbebannern. Wenn Sie in den ersten Tagen nicht reagieren, ändern sich im Werbedisplay die Farbvarianten, oder Sie sehen vergleichbare Modelle von Nike und Puma.

Retargeting heißt: Sie haben sich nach einer Flugverbindung nach Rom umgeschaut und werden dann täglich mehrfach daran erinnert, dass es Flugverbindungen nach Rom weiterhin gibt. Oder Sie waren auf einer Vergleichsplattform für Heizölbestellungen, weswegen Ihnen fortan der aktuelle Tagespreis eingeblendet wird. Das passiert selbst dann, wenn Sie bereits Heizöl gekauft haben. Dann interessieren Sie sich zwar erst recht nicht mehr dafür, aber das berücksichtigen die meisten Retargeting-Programme nicht. Dafür müsste man, ja genau, «De-Marketing» betreiben, was aber keiner tut, solange Werbung im Netz so billig ist wie Öl für saudische Prinzen.

Technisch gesehen ist Retargeting ziemlich simpel. Beim Besuch eines Onlineshops beispielsweise jubelt man Ihnen einen jener berühmten Datenkrümel unter, einen sogenannten Cookie. Datenspion wäre der bessere Ausdruck. Der Cookie beobachtet zunächst Ihr Verhalten auf der Internetseite. Er registriert, wie lange Sie in dem Shop bleiben und bei welchem Artikel Sie genauer hingeschaut haben, ob Sie vielleicht den Bereich für weitere Informationen angeklickt haben. Der Cookie weiß, ob ein Artikel in Ihrem Warenkorb gelandet ist. Er notiert auch, ob der Kaufvorgang abgebrochen wurde, was häufig vorkommt. Der Datenkrümel begleitet den Nutzer auf seiner weiteren Reise durchs Netz.

Die Menschen, die solche Dinge entwickeln, heißen Online-Marketers und sind vom Wesen her Messfanatiker. Ihre Untersuchungen ergeben: Ein Nutzer klickt mit bis zu vier Mal höherer Wahrscheinlichkeit auf die Bannerwerbung von Produkten, für die er sich schon einmal interessiert hat. Auch wenn nur ein Bruchteil der Kunden dann tatsächlich das Produkt kauft, geht die Rechnung auf. Denn einen Banner einem Nutzer zu zeigen, kostet oft weniger als einen Zehntel Cent.

Online-Marketers sind vom Wesen her aber keine

Achtsamkeitsfanatiker. Erst recht nicht gegenüber der eigenen Klientel. Sonst würden sie unter Umständen einkalkulieren, dass Retargeting potenziellen Kunden offenkundig vor Augen führt, dass sie im Netz unter ständiger Beobachtung stehen. Das aber verstört viele von ihnen. Sie überlegen kurz, ob sie selbst unter Verfolgungswahn leiden. Wenn sie sich näher mit der Materie beschäftigen, merken sie: Die Verfolger sind wahnsinnig geworden. Vermutlich, weil ihre digitale Werbung nach gut 20 Jahren digitaler Revolution kaum noch beachtet wird.

Die iPhone-Falle

Warum Apple-Kunden beim Onlineeinkauf höhere Preise zahlen

Das Verbraucherschutzministerium von Nordrhein-Westfalen schlägt Alarm. Deutsche werden im Internet regelmäßig abgezockt. Einer der Tatorte: Disneyland bei Paris. Genauer: die Server des Online-Ticket-Services des Freizeitparks. Der Minister aus NRW hat herausgefunden, dass eine Buchung von Frankreich aus (also über eine französische IP-Adresse, eine Art Landeskennung für Computer im Internet) günstiger ist als eine zeitgleiche Buchung aus Deutschland (mit deutscher IP-Adresse).

Ach, wenn es nur Mickey Mouse wäre, die uns online abzockt. Dann wäre alles halb so wild. Aber das Problem ist nicht auf Besuche in Entenhausen beschränkt.

Reiseportale beispielsweise erkennen anhand des Betriebssystems, von welchem Gerät aus ein Nutzer sie besucht. Sind diese Geräte hochwertig und teuer – damit sind in der Regel Apple-Geräte gemeint –, schlagen sie auf die Angebote für Flüge oder Hotelzimmer ordentlich Euro drauf. Apple-Nutzer haben Geld, vermuten sie. Schnäppchen hingegen werden nur den Nutzern meist billigerer Android- oder Windows-Geräte angezeigt.

Der Spiegel berichtet aufgeregt von einer spanischen Fähr-Reederei, die für die Hin- und Rückfahrt zwischen Teneriffa und La Gomera von deutschen Touristen 64 Euro verlangt, von Einheimischen aber nur die Hälfte. Auch österreichischen Skiliften wird eine ähnlich diskriminierende Preispolitik bei Onlinebuchungen vorgeworfen.

Die deutschen Verbraucherschutzminister lassen sich so etwas nicht bieten. Sie haben eine «bundesweite Gegeninitiative» gegen «Preisdiskriminierung» angekündigt und verweisen auf europäisches Recht. Das verbietet, Bürger innerhalb der Europäischen Union zu diskriminieren. Was die Anwälte des kleinen Einkäufers als «Preisdiskriminierung» im Netz anprangern, bezeichnen Ökonomen neutral als «Preisdifferenzierung». Und die ist weder neu noch illegal.

Im Flugzeug geht niemand davon aus, dass er für das Ticket genauso viel bezahlt hat wie sein Sitznachbar. Studenten dürfen sich günstiger eine Theatervorstellung anschauen oder eine Zeitschrift abonnieren. Der erfahrene Autoverkäufer gibt dem sympathischen Familienvater, der erkennbar mit dem Preis hadert, vielleicht einen höheren Rabatt als dem Großkotz im Designeranzug. Das Prinzip «gleiche Leistung, ungleicher Preis» ist in der Marktwirtschaft also allgegenwärtig und in vielen Zusammenhängen auch allgemein akzeptiert. Allerdings braucht es für diese Form der Preisdifferenzierung drei Voraussetzungen:

1. Der Markt sollte für den Käufer relativ intransparent sein – der Kunde sollte also in der Regel nicht erfahren, was ein anderer zahlt.
2. Zudem muss der Weiterverkauf unterbunden werden.
3. Schließlich müssen die Händler die individuelle Zahlungsbereitschaft der Kunden halbwegs zuverlässig einschätzen können.

Die Ausgangsfrage, ob deutsche Verbraucher von Onlineportalen abgezockt werden, ist so gesehen naiv. Natürlich werden sie abgezockt. Und zwar genauso natürlich, wie deutschen Skiläufern schon in den siebziger Jahren auf österreichischen Hütten mit einer eigenen Menükarte mehr Geld aus der Tasche gezogen wurde als Österreichern.

Intelligent gestellt müsste die Frage eher lauten: Warum funktioniert Preisdifferenzierung gerade im Internet so gut?

Die oben genannten Voraussetzungen aus dem Lehrbuch geben die entscheidenden Hinweise. Onlinehandel ist anonym und allein wegen der Fülle des Angebots unübersichtlich. Wer kennt schon jemanden, der zum gleichen Zeitpunkt die gleiche Leistung eingekauft hat? Die typischen Onlinewaren sind nicht sehr teuer, also lassen sich – wenn überhaupt – nur mit erheblichem Abschlag weiterverkaufen. Die Mühe lohnt kaum.

Besonders interessant ist allerdings der dritte Punkt:

die Prognose der individuellen Zahlungsbereitschaft. Gut dokumentiert ist die Wirkung bei der amerikanischen Firma 100 % Pure, die Kosmetik über das Netz vertreibt. Mit Hilfe eines Big-Data-Dienstleisters entwickelte die Firma einen Algorithmus für ihren Online-Shop, der Besuchern unterschiedliche Preise anzeigte. Dabei kam es unter anderem darauf an, welche anderen Webseiten der Besucher zuvor angesurft hatte. Letzteres verraten die berühmten Cookies – jene kleinen, digitalen Spione, die uns im Netz ständig begleiten.

Die Methode ist deutlich feiner und auch deutlich erfolgreicher als der grobschlächtige Angang, Apple-Nutzern ausschließlich teure Hotels anzuzeigen. Nachdem der Algorithmus etwas Erfahrung gesammelt hatte, konnte er mit 99-prozentiger Wahrscheinlichkeit vorhersagen, welcher Besucher die Seite ohne Kauf wieder verlassen würde. Nur diesen Nutzern wurden reduzierte Preise angezeigt. Die Umsätze von 100 % Pure stiegen dank dieser personalisierten Preisfindung binnen drei Monaten um mehr als 16 Prozent.

Das Problem an dem Ansatz ist, dass sich Kunden schnell für dumm verkauft vorkommen, sobald sie ihn kennen.

Auch Amazon experimentierte 2012 in größerem Stil mit individuell gesetzten Preisen, in die auch Informationen aus der Kaufhistorie des Kunden einflossen. Als das *Wall Street Journal* auf Basis einer wissenschaftlichen Studie zu Online-Preisdiskriminierung diese Praxis öffentlich machte, brach ein Sturm der Entrüstung von Amazon-Kunden los. Kleinlaut versuchte der größte Onlinehändler der Welt das Ganze herunterzuspielen («einige Preistests») und gelobte umgehend Besserung. Seitdem versendet er, wie alle anderen Onlinehändler auch, lieber Rabattcoupons an Kunden, die er für Sparfüchse hält. Das läuft zwar faktisch auf das Gleiche raus, stört aber niemanden. Nicht einmal die Verbraucherschützer in Nordrhein-Westfalen.

Freunden gefällt das

Facebook als digitale Tupperparty

Freunde feiern zusammen, und einer von ihnen kauft eine Brotdose.

Freunde besuchen sich, und einer von ihnen bestellt eine Küchenmaschine.

Freunde tratschen ein bisschen, und wenig später erwirbt einer von ihnen einen Pullover.

Welche Unternehmen dabei eine Rolle spielen? Tupperware, gegründet 1946. Vorwerk, gegründet 1883. Und Facebook, gegründet 2004.

Mehr als ein Jahrhundert liegt zwischen dem ältesten und dem jüngsten dieser drei Unternehmen. Ihr Erfolgsgeheimnis jedoch ist gleich geblieben: Im Kreis von Freunden empfiehlt der eine dem anderen ein Produkt. Das dieser dann kaufen soll. Im Fall von Tupperware ist es Küchenkram aus Plastik, bei Vorwerk ist es der Thermomix (Wetten, dass jemand aus Ihrem Bekanntenkreis auch einen besitzt?). In beiden Fällen besteht allerdings der Nachteil, dass die Zahl der Freunde recht überschaubar bleibt und diese auch physisch irgendwo zusammenkommen müssen. Facebook treibt demgegenüber sehr, sehr viele Freunde auf und sorgt auch noch dafür, dass jeder von ihnen bleiben kann, wo er ist. Deswegen funktioniert das Geschäftsmodell so gut.

Das soziale Netzwerk hat weit mehr als eine Milliarde Nutzer. Im Durchschnitt hat jeder davon um die 350 Freunde. Er kann mit ihnen interagieren, ohne sie zu sich nach Hause einladen und womöglich auch noch bewirten zu müssen. Das macht vielleicht nicht ganz so viel Spaß wie eine klassische Tupperparty nach dem obligatorischen Begrüßungsgläschen Prosecco. Scheint aber zu funktionieren.

Im Jahr 2014 machte Facebook einen Umsatz von 12,5 Milliarden Dollar und einen Gewinn von fast drei Milliarden Dollar. Durch Werbung. Die deswegen so wertvoll ist, weil Freunde sich treffen. Facebook ist also nichts anderes als eine digitale Tupperparty. Ein wenig cleverer, ein bisschen weniger angestaubt, aber letztlich ganz ähnlich. Facebook monetarisiert Freundschaft.

Das funktioniert im Wesentlichen durch Likes. Das sind diese kleinen «Gefällt mir»-Klicks mit dem erhobenen Daumen. Likes wirken ähnlich wie Empfehlungen. Wenn Renate bei der Tupperparty den Tortenheber oder die Brotdose empfiehlt, kaufen Sie vielleicht auch eine. Stimmen ihr Saskia und Ingrid noch zu, steigt die Wahrscheinlichkeit – durch den sozialen Druck.

In der Sprache der Verhaltensökonomen heißt das etwas feiner «soziale Bewährtheit». Und in vielen Experimenten wurde bestätigt, was der amerikanische Verkaufstrainer und Redner Cavett Robert schon zu einer Zeit feststellte, als der spätere Facebook-Gründer Mark Zuckerberg noch längst nicht geboren war: «95 Prozent der Menschen sind Nachahmer. Sie tun, was ihnen die anderen fünf Prozent vormachen.» Robert schrieb ganze Bücher zur Kraft der Überzeugung und gründete die NSA. Damit ist ausnahmsweise nicht der gleichnamige US-Geheimdienst gemeint, sondern die National Speakers Association, eine Vereinigung professioneller Überzeuger.

Menschen trauen also anderen Menschen. Sie trauen ihnen umso mehr, je näher sie ihnen stehen. Deswegen sind Freunde und Familienmitglieder die besten Verkäufer. «In der Regel wird die soziale Akzeptanz einer Marke vor allem durch Menschen im direkten sozialen Umfeld vermittelt», beschreiben es nüchtern die Marktforscher der GfK. «Wenn Menschen, die man kennt und schätzt, ein Markenprodukt verwenden, wirken sie als Vertrauen stärkende Imagetransporteure.»

Finden ein paar Ihrer Freundinnen ein Modelabel gut oder interessieren sie sich dafür, bekommen Sie das bei Facebook angezeigt. Die Hoffnung ist erstens, dass auch Ihnen gefällt, was Leuten gefällt, die Sie mögen. Aber natürlich steigt auch der soziale Druck, sich entsprechend Ihres Umfelds zu verhalten.

Dabei muss es bei Facebook nicht um den sofortigen Kauf gehen. Das gibt es zwar auch, der Markenaufbau ist aber ebenso wichtig. Dann kaufen Sie vielleicht nicht sofort, werden aber mit Hilfe Ihrer Freunde schon mal langsam weichgekocht. Bis Sie fällig sind. «Wenn sich die Menschen mit deinem Unternehmen verbunden fühlen», beschreibt es Facebook, «steigt die Wahrscheinlichkeit, dass sie sich für dein Produkt oder deine Dienstleistung entscheiden.»

Deswegen interessieren sich Unternehmen für Ihre Freundschaften. Und deswegen wollen sie auch so viel darüber wissen und beobachten Sie. Was im Netz natürlich noch viel besser klappt als im echten Leben.

Stellen Sie sich das ungefähr so vor, als würden Sie in der analogen Welt fünf Ihrer besten Freunde zu sich nach Hause einladen. Einfach nur so. Sie essen und trinken, lachen und lästern. Ebenfalls zu Gast sind allerdings ein paar hundert Marktforscher, Handelsvertreter, Werbefuzzis und Verkäufer. Diese Typen stehen allesamt um Sie und Ihre Freunde herum, belauschen und beobachten jeden Moment. Sie schreiben alles in ihre Notizblöcke und vergessen nie, was jeder von Ihnen gesagt, wann er gelacht und wann er die Stirn gerunzelt hat. Einige von den Typen beginnen außerdem, in den anderen Zimmern Ihrer Wohnung herumzustöbern – weil sie wissen wollen, welche Unterwäsche Sie tragen, ob Sie teuren Alkohol trinken, welche Bücher Sie lesen und wie der Stundenplan Ihrer Kinder in der Schule aussieht. Und so weiter.

Im richtigen Leben würden Sie diese Typen sofort rauswerfen. Oder?

Quengelware

Die nervige Logik der Freemium-Dienste

Meine Frau war dagegen. Das muss ich zugeben. Ich habe mich von unserem Sohn trotzdem überreden lassen, Subway Surfers auf meinem Smartphone zu installieren. Subway Surfers ist ein kostenloses Spiel, bei dem man einen Typen mit einer Baseballkappe auf Gleisen und zwischen Zügen herumspringen lässt und man aufpassen muss, dass der Typ nicht von U- und S-Bahnen asiatischer Anmutung überrollt wird.

Das scheint unserem Sohn viel Spaß zu machen, Graphik und Spielaufbau sind auch wirklich beeindruckend für ein Gratisspiel. Wobei: Gratis ist wie bei den meisten Gratisspielen ein sehr relativer Begriff. In der Tat kann man weitgehend unbehelligt spielen. Aber je geschickter mein Sohn den Subway-Surfer vor dem Tod durch Überrollen von immer schneller fahrenden Zügen bewahrt, desto öfter wird er gefragt, ob er nicht zusätzliche In-App-Käufe machen möchte.

In der Beschreibung zur App fällt, wie ich später gesehen habe, irgendwo der Begriff «Freemium-Ware». Meine Frau spricht lieber von Quengel-Ware, was sich in dem Fall auf die App und nicht auf unseren Sohn bezieht, der natürlich genauso oft wie die App quengelt, weil er endlich den neuen Spielcharakter freischalten will.

Ich kann dieser Logik im Kern folgen, und ich habe auch nichts gegen Freemium-Modelle. Dem Mann von der Autowerkstatt bin ich ja auch nicht böse, wenn er mir anbietet, kostenlos Reifendruck, Ölstand und Kühlwasser zu prüfen. Wenn dann etwas nicht in Ordnung ist, fahre ich ja nicht zu einer anderen Werkstatt.

Im Grunde ist Freemium also ein alter Hut. Als ich in den neunziger Jahren an der Uni die Einführungsvorlesung in die Betriebswirtschaft gehört habe, hieß das Prinzip nur nicht so, sondern «bait and hook». Ködern und an den Haken nehmen. John D. Rockefeller verschenkte Kerosinlampen, um später mit dem Brennstoff Kasse zu machen. King Camp Gillette, Erfinder und utopischer Sozialist, brachte Rasierer unters Volk und verdiente mit den Klingen ein Vermögen. Druckerhersteller, Kaffeekapselanbieter, ja sogar einige Anbieter von Atomkraftwerken subventionieren die Einstiegsinvestition des Kunden. Zugleich machen sie ihn damit abhängig von Verbrauchsmaterialien, mit denen sie dann über Jahre hinweg ihre eigentlichen Renditen einfahren. Die Betriebswirtschaftslehre nennt das eine Lock-in-Situation – die Kunden werden eingesperrt.

Im Vergleich dazu ist der Subway Surfer in voller Bezahlmontur ein sehr feiner und kaufmännisch korrekter Kerl, dem man nur ein paar Euro zahlt, und dann rennt er ohne zu quengeln so weit ihn die Akkuladung meines

Smartphones trägt. Zudem ist er ein willkommener Anlass, sich mal mit der Frage zu beschäftigen, warum Freemium-Modelle in digitalen Welten so populär sind. Die Antwort findet sich in Chris Andersons Buch «Free», das in Deutschland übrigens für 39,90 Euro auf den Markt kam.

Der Autor, der auch Gründer des Kultmagazins *Wired* ist, weist darin auf ein paar sehr interessante Zusammenhänge hin. Freemium liege in der Natur der Digitalisierung von Gütern, sagt er. Das hat mit den gegen null tendierenden Grenzkosten zu tun, wenn Bits (also Computerspiele, mp3-Musikdateien oder Computerprogramme) und nicht Atome (also anfassbare Waren) verkauft werden. Anderson greift in seiner Argumentation auf den französischen Mathematiker und Ökonomen Joseph Bertrand zurück. Dessen Theorie lautet zusammengefasst: In einem wettbewerbsintensiven Markt fällt der Preis von Waren immer auf den Preis der Grenzkosten, also der geringstmöglichen Produktionskosten plus einer geringen Gewinnmarge. Und hier gibt es einen fundamentalen Unterschied zwischen anfassbaren Waren und digital kopierbaren Gütern.

Ein Ersatzteil für ein Auto wird zwar deutlich billiger, wenn es in hoher Stückzahl produziert wird. Aber die Kosten für Maschinen, Material, die aufgewandte Energie im Produktionsprozess, die Verpackung, Logistik und so weiter verhindern, dass der Preis unter eine bestimmte Grenze fallen kann. Die Erfinder von Subway Surfers hingegen haben bestimmte Fixkosten, um das Spiel zu programmieren und es in die gängigen App-Stores einzustellen. Ob es dort 100-mal oder 100 Millionen Mal heruntergeladen wird, macht auf Seite der Kosten so gut wie keinen Unterschied.

Daraus ergibt sich für Chris Anderson folgende Faustformel: Ein Automechaniker könne fünf Prozent seiner Leistung verschenken, für 95 Prozent müsse er eine Rechnung schreiben. Sonst funktioniere sein Geschäftsmodell nicht. In der Onlinewelt sei es genau andersherum. Anbieter könnten aufgrund der Struktur des Netzes 95 Prozent ihrer Leistung verschenken. Sie machten dann schon Plus, wenn nur fünf Prozent ihrer Kunden bereit wären, für Premiumfunktionen zu zahlen.

Um wieder zu meiner Frau zurückzukommen: Sie liebt klassische Musik. Irgendwann ging ihr die Werbung auf Spotify zu sehr auf den Zeiger. Das fand ich gut, denn so konnte ich ihr mit dem Premium-Abo ein schönes Geburtstagsgeschenk machen. Sie liebt es, jederzeit und ohne Werbeunterbrechung nahezu jedes klassische Konzert von jedem großen Orchester hören zu können. Subway Surfers mussten mein Sohn und ich allerdings wieder löschen. Die Grenzkosten der Quengelei waren zu hoch, der pädagogische Grenznutzen der In-App-Käufe allerdings zu niedrig.

Luftpaketpost

Wenn die Drohne zweimal klingelt

Der Onlinehandel wächst und wächst. Mit ihm wächst die Zahl der Lieferwagen, die in zweiter Reihe parken und die Straßen verstopfen. Das könnte Jeff Bezos, dem Amazon-Gründer mit dem riesigen Ego, auf den ersten Blick egal sein. Ist es aber nicht. Bezos hat kein Interesse an Staus, gestressten Paketboten und genervten Nachbarn, die für ihre abwesenden Mitmenschen ständig Lieferungen entgegennehmen müssen. Das alles schadet dem Image, dem Geschäft und dem weiteren Wachstum des Onlinehandels im Allgemeinen. Und dem von Amazon im Besonderen.

Da kam Bezos eine Idee. In einer großen TV-Show kündigte er 2013 einen neuen Lieferservice an: Amazon Prime Air. Pakete per Luftpost. Bis an die Haustür geflogen von selbststeuernden Drohnen mit jeweils acht Rotoren.

Bezos hat in der TV-Show auch ein Werbevideo gezeigt. Das zeigt zunächst ein riesiges Amazon-Lager, in dem ein Mitarbeiter ein Paket in eine gelbe Plastikbox packt und auf ein Förderband legt. Am Ende des Bandes greift sich die Drohne die Box, verlässt die Halle durch ein Tor, fliegt ein wenig über hübsche Landschaften und landet dann auf der Terrasse eines Einfamilienhauses, das auch in einer Werbung für Bausparkassen vorkommen könnte. Hinter der Terrassentür warten Vater und Sohn schon auf das Paket. Sie beobachten, wie die Drohne ihre Ware vorsichtig absetzt und wieder wegfliegt. Freudig holen sie die gelbe Box ins Haus. «Das sieht nur nach Science-Fiction aus», versprach Bezos den staunenden Zuschauern. In vier bis fünf Jahren werde diese Form der Lieferung bereits Wirklichkeit sein. Dann dauere es vom Drücken auf den Bestellknopf bis zur Entgegenahme der Ware durch den Kunden nur noch 30 Minuten.

Die Leistungsdaten der Drohne, die der Amazon-Gründer präsentierte, dürften große Paketzusteller wie UPS oder DHL interessiert haben. Man könnte auch vermuten: beunruhigt. Denn die Flugmaschine trägt Lasten bis zu 2,3 Kilo. Satte 85 Prozent der Amazon-Lieferungen wiegen weniger. Bezos kündigte auch an, dass Amazon seine Drohnenflotte selbst betreiben wolle.

Öffentlich erntete Bezos viel Kritik. Technikjournalisten sprachen von «einer PR-Luftnummer», angesiedelt irgendwo zwischen Aprilscherz und genialem Schachzug. Sie zählten die vielen Schwierigkeiten auf, die Belieferung per Drohne mit sich bringen: die kurzen Reichweiten der Akkus von maximal zehn Kilometern, die rechtlichen Einschränkungen beim Einsatz von Drohnen für kommerzielle Zwecke in den USA und Europa. Selbststeuernde Drohnen sind fast überall verboten. Und wenn Piloten sie per Fernsteuerung leiten, müssen sie Sichtkontakt zu ihnen behalten. Kritiker spekulierten auch schon, wann Hobbyschützen wohl die ersten fliegenden Kuriere vom Himmel schießen würden. Ein US-Forschungsinstitut hat gar einen Drone-Defender entwickelt. Das ist eine Art Radiowellen-Kanone, deren Signale die Flugobjekte so verwirren, dass sie umgehend abstürzen.

Es war kein Aprilscherz. Im Frühsommer 2015 beantragte Amazon ein Patent für «Prime Air». Das umfasst nicht nur die technischen Spezifikationen der einzelnen Fluggeräte, sondern auch ein Konzept, wie ein ganzer Schwarm von Drohnen intelligent zusammenarbeiten soll. Geplant ist unter anderem ein Netzwerk an Umschlagplätzen, an denen Drohnen Pakete aneinander übergeben und zum Laden der Akkus pausieren können. Zudem werden sich die Drohnen gegenseitig Hinweise zur Wetterlage oder unsicheren Routen (Spaßschützen!) geben können. Auch wenn eine Drohne nach der Landung von einem Hund angegriffen werden sollte, werden die Transportkollegen umgehend informiert.

Parallel dazu investiert Amazon viel Geld in politische Lobbyarbeit, um den Luftraum für seine Drohnen zu öffnen. Genauer gesagt: Amazon möchte sein eigenes Stück vom Himmel, nämlich den Korridor zwischen 200 und 400 Fuß Höhe (etwa 60 bis 120 Meter). Flugzeuge sollen demnach nur noch im Luftraum oberhalb von 500 Fuß fliegen dürfen.

Klar ist heute, dass Amazon Prime Air nicht 2017 oder 2018 starten wird, wie von Bezos ursprünglich angekündigt. Klar ist aber auch, dass Lieferdrohnen keine pure Luftnummer sind und Amazon auch nicht das einzige Unternehmen ist, das vom technischen Fortschritt des Modellflugs profitieren will. Die Logistikkonzerne DHL und UPS haben eigene Tests gestartet. Auch Google experimentiert mit Fluggeräten. Und auch der ein oder andere Mittelständler mischt im Rennen um die Lieferdrohne mit.

Im badischen Freiburg baut ein kleines Start-up einen Luftpost-Lieferdienst für Döner auf. Der DönerCopter bringt den Imbiss nicht nur an feste Lieferadressen, sondern an jeden Ort im Stadtgebiet. Kunden bestellen spontan per Smartphone-App. Die Drohne fliegt dann die Koordinaten an. So weit wäre Amazon auch gerne.

Schrei vor Glück – und schick's zurück

Die Ökonomie des Retouren-Managements

Der Paketbote kommt. Er sieht gut aus, wirkt entspannt und scheint immer Zeit für einen kurzen Flirt zu haben. Ein offenkundig leichtes Zalando-Paket unterm Arm, klingelt er an der Tür. Dingdong. Eine hübsche Frau macht auf. Blickkontakt. Der Bote lächelt. Die Frau schreit vor

Glück. So sieht das aus – im TV-Spot des größten deutschen Online-Modeversenders.

Bei uns zu Hause läuft es etwas anders ab.

Durch das Fenster meines Arbeitszimmers sehe ich einen gestressten und verschwitzten Typen, der durch die Hecktür eines gelben Kleinlasters mit DHL-Logo aussteigt. Er baut einen Paketstapel von drei bis fünf Paketen auf und schaut in meine Richtung. Sein Blick sagt: «Bitte, nimm alle Pakete an! Die meisten sind für deine Frau. Aber deine extrem unsympathischen Nachbarn, die nie da sind, bekommen auch welche.»

Manchmal möchte ich dem Paketboten sagen: «Nein. Ich bin hier nicht der Concierge.» Ich sage das aber nie, und zwar aus zwei Gründen. Er kann ja nichts dafür, dass meine Frau Onlineshopping-süchtig ist, wobei ihre Hauptdroge Schuhe sind. Zum anderen habe ich es in meiner ruhigen Schreibstube warm und trocken, während unser Paketbote offenkundig völlig andere Arbeitsbedingungen hat als der im Zalando-Spot. Jedenfalls lächelt er nie, wenn ich den Empfang auf dem nicht funktionierenden Touchpad seines Gerätes im Design eines C-Netz-Mobiltelefons von 1995 quittiere.

Die Pakete für die Nachbarn lege ich auf die Treppe. Die für meine Frau lege ich neben den Stapel im Flur, den sie bereits für die Rücksendung fertig gemacht hat.

Ich habe meine Frau nie als gemein oder intrigant erlebt. Im Gegenteil. Wirklich. Aber ich habe den Verdacht, dass sie den Geheimplan verfolgt, sowohl Zalando als auch brands4friends mit Retouren in die Insolvenz zu treiben. Zugegeben, meine Datenlage ist diesbezüglich nicht ganz so gut wie die ihrer Onlinelieferanten. Aber ich müsste mich sehr täuschen, wenn ihre persönliche Retourenquote bei Schuhen unter 90 Prozent läge. Bei Kleidern tippe ich auf mindestens 80 Prozent. Kosmetik hat sie, soweit ich es überblicke, noch nie zurückgeschickt. Aber die kauft sie gar nicht mehr online, sondern günstiger an Flughäfen.

Onlinehändler, besonders jene auf Kapitalsuche, also fast alle, reden ungern über Retourenquoten. Die Betriebswirte der Otto-Friedrich-Universität Bamberg haben hier eine kommunikative Marktlücke entdeckt und die Webseite www.retourenforschung.de ins Leben gerufen. Dort präsentiert die Forschungsgruppe Retourenmanagement unabhängige Zahlen. Aus denen wird klar: Meine Frau bewegt sich gar nicht so weit über Durchschnitt. Es gibt starke Unterschiede bei den einzelnen Händlern, aber für die Bereiche Fashion und Schuhe kommen die Bamberger Forscher auf Rücksendequoten zwischen 70 und 80 Prozent. Die allermeisten Pakete werden also zweimal verschickt: einmal hin und einmal zurück.

Die Durchschnittskosten für eine Rücksendung über alle Warengruppen hinweg taxieren die Wissenschaftler auf rund 15 Euro, wovon jeweils rund die Hälfte des Betrags auf die durchschnittlichen «Prozesskosten» und auf den «Wertverlust» bei der Ware entfallen. Bei Kleidung dürften die Gesamtkosten pro Retoure deutlich höher liegen, schließlich ist es aufwendiger, Hemden, Hosen und Pullover zu verpacken als nur ein paar Elektrokabel in einen Karton zu werfen.

Viele Versandhändler übernehmen diese Kosten. Doch die Retourenforscher haben herausgefunden, «dass es sich bei der von vielen Versandhändlern propagierten ‹kostenlosen Rücksendung› um einen Marketingschwindel handelt, da der Händler die erwarteten Kosten bereits vorab in den Verkaufspreis einkalkuliert. Prinzipiell handelt es sich bei der Retoure um ein Subventionsgeschäft. Die Kunden, die wenig zurückschicken, finanzieren über höhere Preise die Gruppe der Vielretournierer.»

Das ist natürlich eine Sauerei für alle, die nur wenig umtauschen. Aber dass Kapitalismus nicht gerecht ist, wissen die Verbraucher ja schon aus anderen Lebensbereichen. Und so beginnen sich die ersten Konsumenten zu rächen. In Bayern zum Beispiel zählen Dirndl und Lederhosen zu den Waren, die extrem oft zurückgeschickt werden. Bestellt werden sie mit Vorliebe kurz vor Beginn des Oktoberfests – und mit rechtlicher Unterstützung des Umtauschparagraphen 355 des Bürgerlichen Gesetzbuchs innerhalb von 14 Tagen wieder zurückgeschickt. Bis es im folgenden Jahr von vorne losgeht.

Meine Frau war noch nie auf dem Oktoberfest. Dafür lege ich meine Hand ins Feuer. Sie probiert Schuhe und Kleider immer mit größter Sorgfalt an, entfernt niemals Etiketten und legt die Ware akkurat zusammengefaltet zurück in die Originalverpackung. Kürzlich las sie eine Meldung, dass die großen Onlinehändler die Accounts von Kunden sperren wollten, die «exzessiv» zurückschicken. Da bekam sie etwas Angst und bestellte ein paar Wochen lang gar nichts. Sowohl von Zalando als auch von brands4friends erhielt sie daraufhin Mails mit nahezu identischem Wortlaut. «Du warst lange nicht mehr bei uns im Shop. Schau mal, diese Produkte könnten dich interessieren. Hier ist ein Gutschein für 10 Euro Rabatt auf deinen nächsten Einkauf.»

Ihr anarchischer Geheimplan der wirtschaftlichen Unterminierung des deutschen Onlinehandels scheint weiter unbemerkt zu bleiben.

KAPITEL 6

Reich sind immer nur die anderen

Das Unvermögen beim Vermögensaufbau

Massagen für die Schweine

Warum wir nicht mit Geld umgehen können

Was halten Sie eigentlich von Aktien? Nicht viel? Damit sind Sie in guter Gesellschaft. Die Mehrheit der Deutschen würde keinen Cent in Unternehmensanteile investieren. Lieber stecken die Bundesbürger ihr Geld in Immobilien und Lebensversicherungen oder bunkern es auf Tagesgeldkonten. Aber ist das nun eine gute oder eine schlechte Entscheidung?

Eine verständliche jedenfalls. Sich mit Geldanlage zu befassen, macht wenig Spaß. Und sich selbst zu betrügen ist bei Aktien zudem noch besonders einfach.

Nehmen wir mal den Verlauf des Aktienindex Dax, der die Entwicklung der 30 größten börsennotierten Unternehmen des Landes abbildet. Zwischen dem Tiefpunkt der Finanzkrise im Jahr 2009 und Mitte 2015 stieg dieser Index um etwa das Dreifache. Hätte man eine Summe Geld, sagen wir 10 000 Euro, während dieser Zeitspanne auf einem Tagesgeldkonto untergebracht, wäre es nicht wesentlich mehr geworden. Investiert in die Dax-Aktien oder einen an diesem Index orientierten Fonds, wären daraus jedoch etwa 30 000 Euro geworden.

Hätte, könnte, würde, wenn. Das ist das Problem bei solchen Rechnungen. Hinterher ist man immer schlauer.

Schon oft waren Menschen so lange pessimistisch, bis die Party schließlich ohne sie stattfand. Oder sie haben an ewig steigende Aktienkurse geglaubt und sind auf die Nase gefallen. Vielleicht erinnern Sie sich noch an die Börsenblase mit Internetaktien zur Jahrtausendwende. Von da an bis zum Beginn des jüngsten märchenhaften Kursanstiegs 2009 hatte es in der Zwischenzeit einen Crash, einen Boom und wieder einen Crash gegeben. Rauf und runter, immer wieder.

Gelegenheiten zum Fehlermachen bieten sich reichlich. Trotzdem gibt es ein paar Dinge, über die man sich klar sein sollte.

Erstens: Erfolg hat auch mit Glück zu tun. Der bekannte Essayist und Finanzmathematiker Nassim Taleb spricht von «Narren des Zufalls». Gemeint sind Menschen, die Erfolge an der Börse als zwangsläufiges Ergebnis ihrer Genialität betrachten. Es gibt dazu eine Reihe netter Experimente. Sie belegen, dass Menschen ganz allgemein dazu neigen, glückliche Umstände ihren eigenen Fähigkeiten, unglückliche jedoch äußeren Umständen zuzuschreiben. Kurz: Selbstüberschätzung ist der sicherste Weg in den Ruin. Ein paar gelungene Spekulationen machen noch keinen Börsenfuchs. Oder, wie es der berühmte amerikanische Ökonom John Kenneth Galbraith so nett ausdrückte: «Finanzgenie ist man nur bis zum Bankrott.»

Zweitens: Es gibt immer Leute, die alles vorhergesagt

haben. Wirtschaftsmagazine küren regelmäßig die Propheten mit den besten Treffern, etwa wenn es um die Kursentwicklung des Dax geht. Das Problem dabei ist, dass sehr viele Menschen sehr viele Prognosen von sich geben. Damit steigt notgedrungen die Wahrscheinlichkeit, dass einer von ihnen richtig liegt. Wenn Sie einen Würfel werfen und sechs Leute auffordern, jeweils ein unterschiedliches Ergebnis vorauszusagen, wird einer recht behalten. Das hat aber nichts mit Hellseherei zu tun. Und es sagt erst recht nichts darüber aus, ob der vermeintliche Prophet beim nächsten Mal auch richtig liegt.

Denn, drittens: Die Vergangenheit verrät nichts über die Zukunft. Obwohl wir unbewusst genau das unterstellen, wenn wir eine Geldanlage suchen. In den vergangenen zehn Jahren ist dieser Aktienfonds gut gelaufen? Na, dann wird er das sicher wohl auch in Zukunft tun. Oder?

Dazu ein kleines Gedankenspiel. Stellen Sie sich vor, Sie wären ein Schwein. Ein kleines, junges, glücklich grunzendes Bio-Schwein. Jeden Tag dürfen Sie sich im Dreck wälzen, und wenn der Bauer vorbeikommt, bringt er Ihnen nicht nur leckeres Futter, sondern massiert Ihnen auch den Bauch und erzählt Ihnen nette Geschichten. Das macht der Bauer jeden Tag. Immer und immer wieder. Müssten Sie als Schwein dann nicht annehmen, dass das immer so weitergeht? Oder würden Sie es ernsthaft für möglich halten, dass Sie eines Tages als Bio-Schinken enden?

So kann das auch an der Börse sein.

Viertens, nämlich: Aktienkurse sind irrational. Einen schönen Beleg dafür haben vor einigen Jahren die Psychologen Adam Alter und Daniel Oppenheimer von der Princeton University gefunden. Sie untersuchten, ob der Firmenname für sich genommen schon einen Einfluss auf den Verlauf des Aktienkurses hat. Die Wissenschaftler unterstellten dabei, dass sich Menschen immer dann, wenn ihnen wesentliche Informationen fehlen, an das klammern, was ihnen vertraut erscheint. Oder einfach besser klingt. So war es auch. «Nach drei Studien können wir feststellen, dass klangvolle Bezeichnungen – ob als Firmenname oder als Börsenkürzel – die Bewegung von Aktienkursen beeinflussen», urteilten sie. Und zwar ausschließlich positiv: Einen Tag nach dem Börsengang waren es elf Prozent, nach einem halben Jahr 28 Prozent, nach zwölf Monaten sogar 33 Prozent. Wenn Sie sich also mal bei Neuemissionen zwischen den Anteilsscheinen einer Alula AG und einer Pryzschynskje AG entscheiden müssen, wissen Sie jetzt, was zu tun ist.

Langfristig dürfte dieser Vorteil jedoch geringer werden. Weil nach und nach eben doch Informationen hinzukommen, die Kurse beeinflussen – negative und positive. Nicht vergessen sollte man außerdem, dass vermeintlich sichere Anlagen wie Tagesgeld langfristig an Wert verlieren, wenn die Verzinsung unter der Inflationsrate liegt. Sein Vermögen auf dem Tagesgeldkonto ruhen zu lassen, beweist also nur, dass man sich auch bei anderen Formen der Geldanlage betrügen kann. Nicht nur bei Aktien.

Hilfe, meine Rentenlücke!

Das Angstmarketing der Finanzdienstleister

Meine Frau riestert. Ich habe die Sache mit der zusätzlichen Absicherung lange vor mir hergeschoben. Lange ist eine eher freundliche Umschreibung. 15 Jahre sind wohl eher sehr lange. Mit einem mulmigen Gefühl im Bauch setze ich mich an den Rentenlückenrechner des Bundesverbands Investment und Asset Management (BVI), der Interessenvertretung der deutschen Finanzindustrie.

Es gibt im Internet mehr Rentenlücken-Rechner, als man vermuten sollte, wenn man diesen Begriff noch nie gehört hat. Nun gehe ich nicht davon aus, dass der Bundesverband der Investmentindustrie in Bezug auf meine persönliche Rentenlücke eine unangreifbar neutrale Instanz ist. Allerdings hat selbst die *Frankfurter Allgemeine Zeitung* sein Online-Tool als seriös empfohlen. In der Summe scheint mir das deutlich seriöser zu sein als der Rentenlückenrechner von *Focus Money*.

Ich gebe mein Geburtsjahr ein, 1971. Altes Bundesland! Familienstand verheiratet. Das Renteneintrittsalter gibt der Rechner mit 67 an. Mein Bruttoeinkommen ist echt nicht schlecht, finde ich. Bei der angenommenen Lohnsteigerung pro Jahr übernehme ich die Voreinstellung von zwei Prozent. Jahr des Berufseintritts, mal nachdenken, ja 1995.

Klick auf «Berechnen»! Auweia! Meine Versorgungslücke beträgt umgerechnet 894 Euro, wirft die Maschine aus. Ich schaue mir genauer an, wie der BVI zu diesem Ergebnis kommt. Er geht davon aus, dass ich im Alter in etwa 80 Prozent meines letzten Nettoeinkommens zur Verfügung haben möchte. Die steuerlichen Belange wurden gemäß aktueller Steuergesetzgebung einbezogen. Meine voraussichtliche erste Nettorente wurde dann auf der Grundlage der Modellrechnung der Bundesregierung aus dem Rentenversicherungsbericht 2014 hochgerechnet. Ich bin kein Rentenversicherungsexperte, aber das kommt mir alles sehr schlüssig vor. Knapp 900 Euro im Monat werden fehlen.

Das Gefühl, das sich daraufhin bei mir einstellte, ist schwer zu beschreiben. Es ist dasselbe Gefühl wie bei diesen Runter-vom-Gas-Motiven an der Autobahn, mit Fotos von Menschen im Krankenhaus oder stilisierten Grabsteinen drauf. Auch bei denen erhöhe ich immer den Abstand zum vorausfahrenden Fahrzeug. Die Einsicht ist da. In Sachen Rente muss ich was machen. Jetzt.

Ich gebe es ungern zu, aber vermutlich brauche ich solche Appelle an Ängste, um ein Verhalten an mir zu ändern, das mir selbst nicht gefällt. Das ist im Übrigen genau der Trick an «fear appeals». Angstbasiertes Marketing ist ein diffiziles Spiel, weil sich die Kunden auch nicht zu sehr fürchten dürfen – dann machen sie dicht und sind für verlockende Botschaften gar nicht mehr empfänglich. Grundsätzlich sind sich empirisch arbeitende Marketingpsychologen jedoch einig: Kunden akzeptieren Appelle an ihre Ängste.

Der entscheidende Punkt an der Stelle ist: Sie müssen das Gefühl haben, dass sie selbst etwas gegen die Bedrohung tun können. Besonders gut erforscht sind diese Effekte im Bezug auf Gesundheitsthemen. Kampagnen gegen das Rauchen funktionieren so. Hier empfiehlt der wissenschaftliche Arm der Marketingpsychologie meist eine hohe Dosis an Angstauslösern, da alle Angesprochenen wissen, dass sie es schaffen können, aufzuhören. Bei Finanzprodukten fällt der Ratschlag der Psychologen etwas differenzierter aus.

Die meisten Verbraucher nehmen negative Szenarien über ihre finanzielle Zukunft dann als hilfreichen Impuls wahr, wenn sie zugleich den Eindruck gewinnen: Na, die Lücke ist nicht unüberbrückbar groß. Ich habe die Chance, sie auch ohne Sofortrente der Fernsehlotterie schließen zu können. Wenn die Kunden die Lage als ernst, aber nicht hoffnungslos empfinden – dann kaufen sie Vorsorgeprodukte.

In meinem Fall hat der Rentenlücken-Rechner des Bundesverbands Investmentindustrie also alles richtig gemacht. 894 Euro ist nicht wenig. Aber ich habe ja auch noch knapp 23 Jahre Zeit, die Lücke zu schließen. Wenn die Rente mit 70 kommt, dann sind es sogar 26 Jahre.

Ich habe mir also einen Sparplan mit mehreren Indexfonds zusammengestellt. Bei 200 Euro monatlich und einer erhofften Rendite von vier Prozent wird das aber nicht reichen.

Ich hatte mir ohnehin vorgenommen, wieder mehr mit meiner Frau zu machen. Wir riestern jetzt gemeinsam.

Vollpfosten-Fonds

Warum Finanzmanager fast immer schlechter sind als der Markt

Für seine Doktorarbeit hat Eugene Fama gerade mal ein Jahr gebraucht. 1964 reichte der Sohn italienischer Einwanderer, der eigentlich Romanistik studiert hatte, sie bei Benoît Mandelbrot ein, dem Vater der fraktalen Geometrie und Gottvater der Chaostheorie. Famas Promotion hatte einen thematisch eher umfassend daherkommenden Titel: «The Behaviour of Stockmarket Prices». Die Arbeit vertrat eine für Volkswirte ungewöhnlich klare und mit gesundem Menschenverstand nachvollziehbare These: Die Entwicklung der Aktienmärkte sei nicht vorhersehbar, sondern vom Zufall abhängig.

Diese Kernidee untermauerte und verfeinerte Fama im Laufe einer brillanten akademischen Karriere mit Hunderten theoretischen und empirischen Studien. 2013 erhielt er dafür den Wirtschaftsnobelpreis, den er sich – das Nobelpreiskomitee ist ja bekanntlich humorbegabt – mit Robert Shiller teilen musste. Das war sein wichtigster akademischer Gegenspieler, der seit Jahrzehnten die gegenteilige Position vertritt. Immerhin lag er mit der Vorhersage von Börsencrashs ein paarmal halbwegs richtig.

Nun wird es uns nicht gelingen, in diesem Kapitel die theoretische Frage endgültig zu klären, ob, und wenn ja, unter welchen Bedingungen und für welche Zeiträume welche Modelle geeignet sind, Börsenkurse mit welcher Präzision und Wahrscheinlichkeit vorherzusagen. Wenn wir es könnten, wären wir keine Autoren, sondern die reichsten Männer der Welt. Stattdessen brechen wir die Frage der Vorhersagbarkeit herunter auf die praktische Ebene des Kleinanlegers. Unterstellen wir ihm, dass er beim Vermögensaufbau grundsätzlich auf den Aktienmarkt vertraut.

Traditionell gibt es zwei Typen von privaten Anlegern. Typ A sind jene, denen es Spaß macht, sich tief in Unternehmensdaten und Markttrends einzuarbeiten und auf Basis eigener Analysen in einzelne Aktien zu investieren, bei denen sie steigende Kurse erwarten.

Auf der anderen Seite steht Typ B. Das sind Menschen mit Sparkapital, die sich sagen: Da lass ich mal lieber einen Profi ran. Fondsmanager machen schließlich den lieben langen Tag nichts anderes, als sich mit Chancen und Risiken in Märkten zu beschäftigen. Sie verfügen über Informationen, die ich nicht habe. Dank des gewaltigen Anlagevolumens von Millionen oder gar Milliarden Euro können Fonds mein Kapital viel breiter streuen, als ich es als Kleinanleger mit einzelnen Anteilsscheinen könnte. Für Expertise, Bequemlichkeit und Minderung des sogenannten Klumpenrisikos im Privatdepot (also zu viel von Gleichem) trete ich gerne einen Teil meines voraussichtlichen Gewinns ab. Dann darf der Profi loslegen.

Fondsmanager und Bankberater mit Grundinteresse an volkswirtschaftlicher Theorie sind in der Regel Freunde von Robert Shiller. Der sagt im Wesentlichen: Mit überlegener Kenntnis lassen sich Renditen über dem Durchschnitt des Marktes erzielen.

Fondsmanager und Bankberater lieben zudem Kunden des Typs B. Denn die sind bereit, teure Ausgabeaufschläge für die Übertragung der einzelnen Investitionsentscheidungen zu zahlen. Ausgabeaufschlag ist eine technische Umschreibung für den Satz: «Fünf Prozent deines Kapitals sind direkt weg. Mal schauen, wie lange wir brauchen, um das wieder hereinzuholen.» Viele Typ-B-Kunden wissen auch nicht, dass aktiv gemanagte Fonds alljährlich noch einmal eine Verwaltungsgebühr von bis zu zwei Prozent kassieren und sich obendrauf noch «performanceabhängige Vergütungsbestandteile» gönnen. Die Kriterien für gute Performance legen sie übrigens selbst fest.

Was Fondsgesellschaften und ihre Vertriebspartner bei Banken und Finanzdienstleistern hingegen nicht so sehr schätzen, ist die wachsende Kritik an diesen Praktiken. Zahlreiche Studien belegen: Nahezu alle von den professionellen Börsenexperten aktiv verwalteten Fonds schneiden auf lange Sicht schlechter ab als der Marktdurchschnitt. Selbst die Fonds gegenüber ausgesprochen freundlich eingestellte Ratingagentur Morningstar kommt bei Aktienfonds mit globalem Ansatz nur auf eine Quote von maximal zehn Prozent der Fondsmanager, die den Weltmarkt-Index MSCI in einem Zeitraum von zehn

Jahren schlagen. Den Hauptgrund dafür sieht freilich nicht nur die schwäbische Hausfrau mit einem Blick. Bei derart happigen Gebühren für die eigene Tasche und Vermittler müsste ein Genie das Fondsdepot verwalten, um den Index zu schlagen. Genies sind bekanntlich eine seltene Spezies.

Aus Sicht der Kunden des Typs B muss in Hinblick auf ihre Anlagestrategie allerdings noch nachdenklicher stimmen, dass Erfolg in der Vergangenheit vermeintlicher Genies keine Aussagekraft darüber hat, ob der Fonds auch in Zukunft Gewinne über Marktdurchschnitt einfährt. Diverse Studien deuten in die gegenteilige Richtung. Selbst wenn ein Fondsmanager eine Anlagestrategie gefunden hat, die in einem bestimmten Marktsegment zu einer bestimmten Zeit funktioniert, ist er nicht in der Lage zu erkennen, wenn diese Strategie nicht mehr funktioniert. Über kurz oder lang wird also auch er unter Marktdurchschnitt landen, sofern er weiter von Gebühren leben möchte.

Der Vertrieb von aktiv gemanagten Fonds fußt im Kern auf zwei Tricks.

1. Die Anbieter verstecken die hohen Fondsgebühren so gut sie können.
2. Sie werben mit clever zugeschnittenen Zeitfenstern, in denen bestimmte Fonds oder Fondsmanager in der Vergangenheit gut abgeschnitten haben.

Trick eins ist eine Unverschämtheit und funktioniert inzwischen auch nicht mehr so gut, da das Thema Abzocke durch verschleierte Gebühren seit Jahren in der Finanzpresse diskutiert wird, der Gesetzgeber die Aufklärungspflichten der Banken verschärft hat und Verbraucher erfreulicherweise doch lernfähig sind.

Trick zwei ist aus wissenschaftlicher Perspektive unlauter. Womit wir wieder bei Eugene Fama wären. Die praktische Schlussfolgerung seiner Theorie lautet nämlich: Wenn niemand den Markt auf lange Sicht schlagen kann, dann bleibt passiv. Bildet doch einfach die Aktienindizes mit Einzelaktien ab und geht schlafen. Ein wirklich wohlhabender Anleger des Typs A kann das theoretisch machen. Er kauft einfach anteilig alle Aktien von DAX, EuroStoxx, S&P 500 oder in welchen Markt er auch immer investieren möchte.

Einfacher geht es mit einer Kategorie von Anlageprodukten, die auf Grundlage von Famas Arbeiten entstanden sind, den sogenannten Exchange-Traded Funds. Die ETFs sind die praktische Ableitung von Famas Kernthese: Hört auf zu glauben, ihr könntet schlauer als der Markt sein. Schwimmt mit dem Strom. Kauft genau, was der Durchschnitt kauft. ETFs bilden einen Index nach. Die jährlichen Verwaltungsgebühren liegen in der Regel unter 0,4 Prozent und fallen dank wachsender Konkurrenz immer weiter.

Aus der Begründung des Nobelpreiskomitees für die

Auszeichnung Famas war übrigens nicht herauszulesen, ob die königliche Jury an die Hypothese glaubt. Die Schweden gingen da mit sehr viel gesundem Menschenverstand vor: Die Arbeiten des Wissenschaftlers hätten «vielen, vielen Haushalten rund um die Welt geholfen, viel günstiger in Aktienmärkte zu investieren, als sie es sonst gekonnt hätten». Der Geehrte selbst brachte seine Lehre in einem Interview mit der *Frankfurter Allgemeinen Zeitung* wie folgt auf den Punkt: «Gib nicht zu viel Geld aus für Leute, die glauben, sie könnten die besten Aktien oder Anlagen herauspicken. Sie können es nämlich nicht.»

Hochstapeln für Anfänger

Anlagebetrüger und wie man sie erkennt

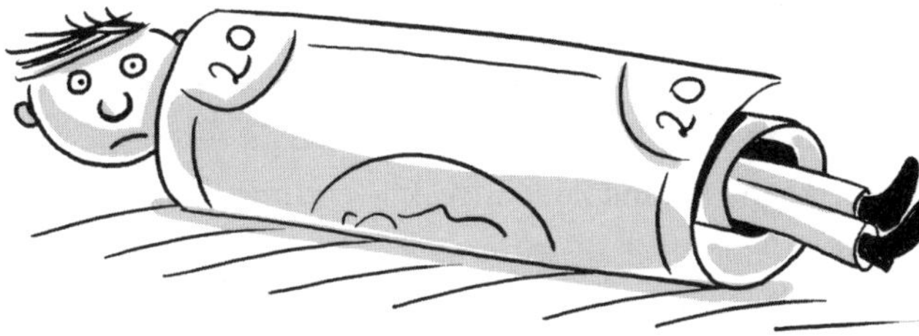

Mehr als 3000 Seiten dick ist das Werk. Aber es handelt sich nicht um ein Buch, sondern um eine Anklageschrift der Staatsanwaltschaft Frankfurt am Main. Sie richtet sich gegen «mutmaßliche Hauptverantwortliche der S&K-Unternehmensgruppe», wie es in einer Mitteilung der Behörde heißt. Und sollte sich während des Prozesses nur ein Bruchteil des dort Geschilderten als zutreffend herausstellen, wäre das einer der spektakulärsten Fälle von Finanzbetrug, den es in Deutschland je gegeben hat. Um Drehbuchautoren von Fernsehkrimis zu inspirieren, reicht der Stoff allemal. Er erzählt viel von der Welt des großen Geldes, von Gier, Dreistigkeit und falschen Träumen. Beziehungsweise von Betrug und Untreue.

Demnach sollen die mutmaßlichen Täter bei privaten Anlegern Geld eingesammelt haben, um es in Immobiliengeschäfte zu stecken. «Mit vermeintlich wertvollem Immobilienbestand wurde in Hochglanzprospekten und Telefonaten bei den Anlegern mit Renditeversprechen von bis zu 12 Prozent p.a. geworben», teilen die Strafverfolger mit. Daneben wurden noch einige andere Geschäfte getätigt, unter anderem mit Lebensversicherungen. Das eingeworbene Geld hätten die Angeschuldigten aber «wie von Anfang an geplant zum größten Teil für ihren aufwendigen Lebensstil und zur Aufrechterhaltung des von ihnen etablierten Schneeballsystems» verbraucht.

Schneeballsysteme funktionieren ähnlich wie Kettenbriefe: Das Geld später beitretender Anleger wird benutzt, um jene Anleger auszuzahlen, die früh eingestiegen waren. Solche Systeme brechen früher oder später zusammen, weil kein echter Gewinn erwirtschaftet wird und exponentiell neue Anleger gewonnen werden müssen. Im Fall der S&K soll sich der Gesamtschaden auf etwa 240 Millionen Euro belaufen haben.

Der Fall wird die Gerichte wohl noch viele Jahre beschäftigen. Die wichtigsten Fragen darf man sich aber schon jetzt stellen: Warum passieren solche Fälle immer wieder? Und wie soll man seriöse und unseriöse Anbieter von Finanzanlagen voneinander unterscheiden?

Wirtschaftskriminalität ist insgesamt rückläufig. Dem Bundeskriminalamt zufolge sank die Zahl der registrierten Fälle zwischen 2010 und 2014 von knapp 103 000 auf gut 63 000. Außerdem beträgt der Anteil von Wirtschaftskriminalität an allen polizeilich bekannt gewordenen Straftaten nur ein Prozent. Die Wahrscheinlichkeit, einer anderen Straftat zum Opfer zu fallen, ist so gesehen weit höher.

Das nützt natürlich keinem der Betroffenen. Zumal das Risiko, wenn es explizit um Geldanlage geht, zuletzt sogar wieder gestiegen ist. Während die Zahl der Delikte in anderen Teilbereichen der Wirtschaftskriminalität deutlich zurückging, nahmen dem Bundeskriminalamt zufolge Betrug und Untreue im Zusammenhang mit Kapitalanlagen stark zu – um 18 Prozent.

Irgendwie ist es ja auch logisch. Die Jahre nach der Finanzkrise 2009 waren von ständig sinkenden Zinsen geprägt. Alte Gewissheiten der Geldanlage standen in Frage, Lebensversicherungen galten nichts mehr, Sparbücher warfen nichts mehr ab, der Goldpreis sank. Der Aktienmarkt lief zwar gut, aber ausgerechnet da waren die Deutschen skeptisch geblieben. Hatten sich viele doch schon die Finger verbrannt, als im Jahr 2000 die Internet-Börsenblase platzte. Damals hatten Hausfrauen und Rentner noch Kredite aufgenommen, um in vermeintliche Zukunftstechnologien zu investieren. Die Aktie der Telekom galt als «Volksaktie» – noch heute laufen Schadensersatzprozesse Zehntausender enttäuschter Kleinanleger.

Da ist es nachvollziehbar, dass Versprechen von fest verzinsten Traumrenditen in so einer Lage auf fruchtbaren Boden fielen, erst recht im Zusammenhang mit Immobilien. Mit Sachwerten. Viele Chancen, geringe Risiken. Angeblich.

Nicht hinter jedem Anlagemodell steckt kriminelle Energie (es sei denn, Sie betrachten den Kapitalismus insgesamt als verbrecherisch – aber dann hätten Sie dieses Buch wahrscheinlich längst schon in die Ecke geworfen). Wer allerdings einige klassische Fehler vermeidet, geht Betrügern vielleicht nicht so einfach auf den Leim.

Legen Sie auf, wenn Sie jemand unaufgefordert anruft, um Ihnen eine Geldanlage zu empfehlen. Die sogenannte Kaltakquise ist illegal.

Vermeintlich an Sie fehlgeleitete Faxe oder E-Mails mit «heißen Börsentipps» sind immer ein Fall für die Mülltonne. Immer!

Ungewöhnlich hohe Zinsen sind ein Zeichen für ungewöhnlich hohe Risiken.

Wer Sie unter Zeitdruck setzt, will Sie am Nachdenken hindern.

Wer seine Provisionen nicht freiwillig offenlegt, will sie augenscheinlich verbergen. Warum wohl?

Wenn Ihr Finanzberater zu seinen Terminen im Ferrari vorfährt, dürften Leute wie Sie diesen netten Sportwagen bezahlt haben.

Sie haben keinen reichen Onkel in Nigeria, der Ihnen per E-Mail ein Millionenvermögen in Aussicht stellt.

Eine Aktie, die an der Börse nur zehn Cent kostet, muss allein deswegen nicht günstig sein.

Verluste zu vermeiden ist im Zweifel besser als verzweifelt nach Traumrenditen zu suchen. Also bleiben Sie bescheiden.

Werden Sie misstrauisch, wenn Ihnen Freunde, Bekannte oder Verwandte von sensationellen Anlagemöglichkeiten oder unglaublich kompetenten Beratern vorschwärmen – und Sie ebenfalls zu einem finanziellen Engagement verleiten wollen. Dahinter könnte ein illegales Schneeballsystem stecken.

Alles im allem sind Sie wahrscheinlich besser dran, wenn Sie sich von dem sogenannten grauen Kapitalmarkt fernhalten. Das ist der Bereich des Geldanlage-Universums, der kaum oder gar nicht reguliert und behördlich beaufsichtigt wird.

Wichtig ist aber auch hier: Staatliche Aufsicht bedeutet keine Garantie für Gewinne – Geld verlieren können Sie sogar in den staatlich super streng kontrollierten Spielcasinos. Allerdings senken Sie damit die Wahrscheinlichkeit böser Überraschungen und müssen sich vielleicht eine Sorge weniger machen. Nicht zu vernachlässigen: Nachts ruhig schlafen zu können ist ja auch eine Form von Gewinn.

Bankberater oder Robo Advisor

Wem können Sie trauen?

Geld beruhigt zwar, macht aber nicht glücklich. Sie merken das, wenn Sie in die komfortable Lage geraten sollten, dass am Ende des Monats noch Geld übrig ist und nicht am Ende des Geldes noch wie üblich so viel Monat. Vielleicht spendiert Ihnen Ihr Chef einen unerwarteten Bonus. Oder Sie machen eine Erbschaft. Dann werden Sie sich früher oder später fragen, was Sie mit dem Geld tun und wie Sie es anlegen sollen. Die Grübelei darüber ist natürlich ein Luxusproblem, kann aber trotzdem sehr belastend sein.

Vielleicht geraten Sie an einen allesversprechenden Supermann (dann lesen Sie bitte den vorigen Text über Hochstapler und Betrüger noch einmal). Oder Sie sind selbst ein mega ausgebuffter Finanzfuchs (siehe den Abschnitt über die massierten Schweine). Höchstwahrscheinlich werden Sie jedoch einfach den Kundenberater in Ihrer Hausbank anrufen.

Und dann?

Sind Sie auch nicht unbedingt schlauer. Leider. Bankberater neigen dazu, zur Geldanlage Produkte ihres eigenen Hauses zu empfehlen. Fonds oder Sparpläne etwa. Das müssen nicht die schlechtesten sein, sind aber in der Regel auch nicht die besten am Markt. Banken sind eben auch nur Wirtschaftsunternehmen und müssen Geld verdienen, vorzugsweise an ihren Kunden. In der Regel werden die Kosten der Beratung als Provision in die empfohlenen Finanzprodukte eingebaut – als Ausgabeaufschläge, Managementgebühren und dergleichen. Gesetzlich sind Banken verpflichtet, darüber aufzuklären. Was sie in der Regel auch tun. Dennoch scheinen viele Verbraucher das nicht zu kapieren: «Vergütungsstrukturen im Finanzdienstleistungssektor sind bei Privatanlegern nicht bekannt», ergab 2014 eine repräsentative Umfrage der Universität für Wirtschaft und Recht in Oestrich-Winkel.

Ob bekannt oder nicht, der Interessenkonflikt bleibt. Niemand garantiert, dass einem der Bankberater das Produkt empfiehlt, das am besten für den Kunden ist – und nicht am besten für die Bank.

Ein klassischer Ausweg ist die Honorarberatung. Wer einen Berater direkt bezahlt, mindert das Risiko, dass dieser sich von Provisionen beeinflussen lässt. In Deutschland ist Honorarberatung aber kaum verbreitet, in den USA vergleichsweise teuer. Ein Prozent des verwalteten Vermögens kassieren Spitzenleute pro Jahr, dafür sollte man ihnen aber mindestens eine halbe Million Dollar anvertrauen. In diese Klasse werden Sie auch bei großzügigsten Bonuszahlungen wohl nicht kommen.

Zwischenfazit: Menschlicher Rat unterliegt Interessenkonflikten oder ist für Normalmenschen unbezahlbar. Aber gibt es einen Ausweg?

Wenn Sie häufiger die Wirtschaftspresse verfolgen, dürfte Ihnen gelegentlich der Begriff «Robo Advisor» untergekommen sein. Der leitet sich von Robot und Advisory ab, es geht also um automatisierte Anlageberatung. Eine Maschine ersetzt dabei den menschlichen Finanzberater.

Zu den größten weltweit gehören Betterment, Wealthfront oder Schwab Intelligent Portfolios. In Deutschland werden unter anderem Cashboard oder Vaamo häufiger erwähnt, es gibt aber auch zahlreiche andere. Seit 2015 bietet sogar die Deutsche Bank mit dem Anlagefinder einen Robo Advisor an. Und auch wenn es im Einzelnen durchaus Unterschiede gibt, funktionieren die meisten ganz ähnlich.

Am Anfang steht oft ein standardisierter Fragebogen. Dabei geben Sie Auskunft zur Höhe des Betrages, den Sie einmalig anlegen oder regelmäßig sparen möchten. Und Sie beantworten eine Reihe von Fragen zu Ihrer Risikobereitschaft. Daraus berechnet ein Algorithmus das für Sie optimale Anlageportfolio. Je höher das Sicherheitsbedürfnis, desto konservativer die Empfehlung – im Prinzip machen die Roboter also nichts anderes als die menschlichen Berater. Das Geld stecken die Maschinen oft in Indexfonds. Das sind Finanzprodukte, die die Entwicklung eines Index lediglich nachbilden (zum Beispiel die eines Aktienindex wie dem Dax), aber selber keine echten Wertpapiere kaufen (also zum Beispiel Aktien). Dank dieser Besonderheit haben Indexfonds sehr geringe Kosten – was den Anlegern ebenso zugutekommt wie die niedrigeren Beratungsgebühren einer Maschine im Vergleich zu einem Menschen. Schon allein das spricht für Robo Advisors, gerade für Kleinanleger oder solche, die sich nur ungern mit Finanzdingen befassen.

Computerisierte Vermögensverwaltung ist also nicht nur billig (Algorithmen brauchen ja auch kein Filialnetz und keine glitzernden Banktürme mit riesigen Vorstandsetagen voller wichtiger Anzugträger, die irgendwie finanziert werden wollen). Sie ist auch sehr schnell und macht keinen Feierabend. Sie eignet sich auch für kleine Beträge. Sie ist unbestechlich, kennt weder Gier noch Emotionen und folgt klaren Vorgaben.

Ein paar Nachteile gibt es aber auch. Denn Robo Advisors sind ein noch sehr junges Phänomen. Und auch wenn ihnen mit guten Argumenten eine große Zukunft vorhergesagt wird, sollte man sie nicht als Heilsbringer verklären. Schließlich haben Computer im Zusammenhang mit Gelddingen schon gewaltige Schäden angerichtet.

Beim «Flash Crash» an der New Yorker Börse Anfang Mai 2010 beispielsweise sackten die Kurse des Leitindex Dow Jones binnen Sekunden um neun Prozent ab. Wenige Minuten später hatten sie sich zwar wieder erholt, aber in der Welt des schnellen Geldes war der Schaden schon angerichtet. Algorithmen hatten den Kurssturz in Echtzeit bemerkt und begannen ihrerseits, zur Schadensbegrenzung Wertpapiere abzustoßen – was die Sache nur noch schlimmer machte. Bei diesem Drama waren zwar keine Robo Advisors am Werk, aber auch der sogenannte Hochfrequenzhandel lässt letztlich Computerprogramme für sich arbeiten. Dass dabei so etwas herauskommen konnte, hatte sich zuvor allerdings niemand ausgemalt. Es ist wie immer mit (bösen) Überraschungen: Man rechnet nicht mit ihnen.

Manche Robo Advisors sind in den USA als «Registered Investment Advisors» gelistet und werden staatlich beaufsichtigt. Andere begeben sich im Kleingedruckten auf die sichere Seite und schieben die komplette Verantwortung klammheimlich weitgehend auf die Anleger ab. In ihren Allgemeinen Geschäftsbedingungen finden sich dann Hinweise darauf, dass sie bloß die Ausführung von Aufträgen anböten oder lediglich Vermittler wären. Was nichts anderes bedeutet, als dass sie eigentlich gar nicht wirklich beraten – sondern nur das tun, was der Anleger ohnehin will.

Gegen Hilfe zur Selbsthilfe ist ja auch nichts einzuwenden. Relevant wird der Unterschied erst, wenn es kracht und man darüber zu streiten beginnt, wer für den Schaden aufkommen muss.

Der Duft des Geldes

Warum Kontoauszugsdrucker gut riechen müssen

Eine Pizzeria riecht nach Salami mit überbackenem Käse. Eine Bäckerei riecht nach frisch aufgebackenen Brötchen. Ein Blumenladen riecht nach Rosen und Veilchen und eine Douglas-Filiale riecht, nun ja, eben wie eine Douglas-Filiale: nach ein bisschen von allem.

Aber wie riecht eine Bank?

Es ist nämlich nicht so, dass man die Luft in einer Bank sich selbst und dem Schicksal überlassen würde. Dann könnte passieren, was ein Produzent von Bankdüften so umschreibt: «Hier treffen beispielsweise ein Dachdecker, welcher verschwitzt mal dringend Geld abheben möchte, und die Kosmetikerin, die nur schnell ihre Kontoauszüge abholen will, zusammen.» Und verbunden mit dem Tonerstaubaroma aus dem Auszugsdrucker und dem Duft zehntausendfach begrapschter Euro-Banknoten ergibt sich eine üble Mischung. Pfui-bäh! Aber keine Bange, liebe Filialleiter und Sparkassendirektoren, der Hersteller empfiehlt speziell für Banken vier Duftmischungen: Apple Vanilla, Fresh Office, Summer Feeling und Colin, den «frischen und grünen Unisexduft». Was immer das genau sein soll.

Eine ganze Reihe von Unternehmen lebt inzwischen davon, alle möglichen und unmöglichen Orte zu beduften. Dabei geht es nicht um das Zeug, das bei Ihnen zu Hause möglicherweise im Gäste-WC steht, diese Glasflaschen mit den cremefarbenen Stäbchen darin, deren Ausdünstungen an schwül-warme Opiumhöhlen im Goldenen Dreieck erinnern. Nein, das Ganze ist etwas cleverer.

Duftmarketing oder Air-Design heißt die Disziplin. Genauso wie das Auge wird auch die Nase der Kunden konsequent in die Irre geführt. Bei der Optik kennen Sie das, etwa wenn der Hamburger bei McDonald's oder Burger King auf dem Tablett weit weniger prall und lecker aussieht als auf der Werbetafel. Beim Geruch ist das ähnlich. In Studien wurde untersucht, welche Sinneseindrücke Kaufentscheidungen am stärksten beeinflussen.

Ergebnis: Sehen ist am wichtigsten, dann folgen Riechen, Hören, Fühlen und Schmecken. In dieser Reihenfolge.

Dass es in der Pizzeria nach Salami duftet und in der Backstube nach Brot, muss also nicht am Produkt liegen. Vielleicht steht irgendwo in einer Ecke oder unsichtbar angeschlossen an die Klimaanlage auch ein Verdampfer. Manche dieser Geräte könnten ganze Flugzeughangars aromatisieren. Wenn Sie mal die seltene Gelegenheit haben, an einer Duftkartusche mit der Aufschrift «Pizza Salami» zu schnuppern, gönnen Sie sich unbedingt eine Nase voll. Vielleicht wollen Sie anschließend die Besucher Ihres Gäste-WCs ja auch mal mit etwas Ausgefallenem beeindrucken.

Untersuchungen an den Universitäten Bern, Paderborn und Saarbrücken haben zu diesem Thema interessante ökonomische Erkenntnisse zutage gefördert. So stieg die Kommunikationsbereitschaft gut umdufteter Kunden um 19 Prozent – sie waren also eher bereit, sich ansprechen zu lassen. Außerdem blieben sie länger in den Verkaufsräumen und befassten sich eher mit konkreten Produkten und Angeboten. Alles im allen, so das Fazit, könne die richtig aufgemotzte Luft durchaus für sechs bis 15 Prozent mehr Umsatz sorgen.

Wie eh und je sollen Düfte betören und heimliche Wirkungen erzeugen. Deswegen kaufen wir ja auch Parfüms. Nicht nur für uns, sondern auch um anderen zu gefallen, vielleicht um zu verführen. Was auch immer. Und so wie wir versuchen, fremde Nasen zu beeindrucken, versuchen andere, uns an unserer Nase herumzuführen.

Interessant an dieser Form der Sinnestäuschung ist, wie differenziert und abgestimmt sie mittlerweile eingesetzt wird. Umsatzsteigernde Spezialparfüms gibt es nicht nur für Banken und Versicherungen, sondern auch für Juweliere, Optiker, Tankstellen, Reisebüros und Elektronikfachmärkte.

Am höchsten ist die Duftquote in Hotels. Aber auch schon mindestens zwölf Prozent aller Kreditinstitute setzen Duftstoffe ein, legt eine Untersuchung des Deutschen Allergie- und Asthmabundes von 2008 nahe. Die Organisation hält Raumdüfte allerdings für hoch problematisch. Schließlich kann man sich gegen die Beduftung nicht wehren. Und wie gesund oder ungesund diese ganzen Stoffe sind, ist bis heute kaum erforscht.

Durchschauen kann man die olfaktorische Illusion leider auch nicht. Kommt der Duft in der Bank vom hübschen Blumenstrauß auf dem Tisch der Kundenberaterin? Oder durchströmt gerade ein Aerosolkonzept aus dem Labor die Nase? Im Normalfall werden wir darüber gar nicht nachdenken, es wahrscheinlich gar nicht mal bemerken. Es schleicht sich nur ganz fein in unsere Nase. Unaufdringlich, vielleicht sogar sympathisch. Und wenn wir auf einmal unerwartet gute Laune bekommen und in der Bankfiliale einen Kredit abschließen, einen Bausparvertrag unterzeichnen oder Fondsanteile erwerben, muss das nicht nur an guten Zinssätzen oder Renditeprognosen gelegen haben.

Todgefürchtet ist auch gestorben

Welche Versicherungspolicen Sie sich schenken können

Die Deutschen scheinen ein widersprüchliches Volk zu sein. Jedenfalls, wenn man den Umfragen glauben darf, die sich mit dem allgemeinen Sicherheitsgefühl befassen. Da kommt wahlweise heraus, dass die Bundesrepublik ein Angsthasenstall ist – oder das glatte Gegenteil.

«German Angst» hat es als Metapher zu internationaler Berühmtheit gebracht. Sie wird immer dann in Studien entdeckt, wenn etwas nachgewiesen werden soll, das es weltweit angeblich nur hier gibt – die Sorge um die Zukunft. Ausgerechnet die reichen Deutschen!, wird dann umgehend kommentiert, wo es denen doch bessergeht als den meisten anderen auf der Welt. Was ja auch stimmt.

Andererseits müssen die Deutschen aber auch höchst unbekümmert, ja geradezu leichtsinnig in Bezug auf die Zukunft sein. Wie sonst ist zu erklären, dass sie Risiken ignorieren, die im Alter auf sie zukommen? Etwa das Risiko, mit der gesetzlichen Rente allein den Lebensstandard nicht halten zu können? Obwohl sie es könnten, sparen die Deutschen nicht – finden immer wieder Banken und Versicherungen heraus. Was im Grundsatz ja auch nicht ganz falsch ist. Sorgt man also für schlechte Zeiten vor, ist man ein Angsthase. Sorgt man nicht vor, gilt man als blauäugig. In jedem Fall ist man ein Depp, und wenn es noch eine typisch deutsche Fähigkeit gibt, dann die, Risiken konsequent falsch einzuschätzen. Davon lebt die komplette Versicherungsbranche. Womit wir beim Thema wären.

Mit Bedacht auf die eigene Zukunft zu blicken, ist an sich keine schlechte Sache. Es gibt Risiken, gegen die man sich schützen sollte, und solche, die man eher ignorieren kann. Schaut man sich eine jüngere Umfrage der Max-Planck-Gesellschaft an – die nicht im Verdacht steht, irgendeine Form von vorurteilsbeladener Auftragsforschung zu betreiben –, ergibt sich ein differenziertes und nachvollziehbares Bild der deutschen Ängste: Im Alter ein Pflegefall zu werden befürchten 41 Prozent. Eine unzureichende finanzielle Altersversorgung erwarten 37 Prozent, und eine schwere Erkrankung ist für 28 Prozent der Menschen Grund zur Sorge.

Versicherungskonzerne sind aber groß darin, jede Menge Gefahren an die Wand zu malen und so zu tun, als sei ein verlorenes Handy, der Abbruch einer Urlaubsreise oder sogar die Kosten der eigenen Beerdigung (!) ein lebensgefährliches Risiko. Gegen das man, welch Zufall, gerade eine überaus praktikable und preiswerte Lösung im Angebot habe. Bitte hier unterzeichnen.

Wer den Überblick über all die Policen zu verlieren droht, sollte sich vor Abschluss eines Versicherungsvertrages immer zwei Fragen stellen. Wie wahrscheinlich ist erstens, dass es zu einem Schaden kommt? Und wie groß wäre zweitens in diesem Fall der mögliche Schaden?

Die Antwort auf die erste Frage ist schwierig, aber meist kommt man schon mit Hilfe der zweiten zu einem Ergebnis. Lässt sich ein möglicher Schaden irgendwie selbst tragen (selbst wenn das vorübergehend unbequem wäre), sollte man auf eine Versicherung verzichten.

Mit Hilfe dieser Faustregel lassen sich existenzielle Risiken und Luxusprobleme voneinander abgrenzen. Geht Ihr Smartphone kaputt, ist das ärgerlich – aber Sie können sich ein neues kaufen. Vielleicht wird es dann ein gebrauchtes Gerät, und vielleicht müssen Sie auch etwas dafür sparen. Letztlich ist das aber kein Thema. Wenn Ihr Einfamilienhaus abbrennt oder der Hauptverdiener einer Familie stirbt, sieht das schon ganz anders aus. Der mögliche Schaden lässt sich nicht mit etwas Mühe ausgleichen, dann sind Sie richtig gekniffen. Also handelt es sich um Risiken, gegen die man sich versichern sollte.

So erklären sich auch die Empfehlungen von Verbraucherschützern, der Stiftung Warentest oder Internetportalen wie Finanztip. Meist teilen sie Policen in drei Kategorien ein, je nach Wahrscheinlichkeit und Höhe des Schadens.

Zu den unwichtigen gehören Handyversicherungen, Glasbruchversicherungen, Sterbegeldversicherungen, Ausbildungsversicherungen, Insassenunfallversicherungen und vieles mehr. Die können Sie vergessen.

Geraten wird meist zu Privathaftpflichtversicherungen, Berufs- oder Erwerbsunfähigkeitsversicherungen sowie zu Wohngebäudeversicherungen (für Immobilienbesitzer). Eine Lebensversicherung ist wichtig, sollte aber in Form der preiswerten Risiko-Police und nicht als Kapitallebensversicherung abgeschlossen werden (die wegen der aktuell niedrigen Zinsen nicht viel bringt und außerdem eher ein Sparprodukt als eine Versicherung ist).

Und natürlich brauchen Sie eine Krankenversicherung, ob gesetzlich oder privat. Die Kosten für einen Krankenhausaufenthalt oder für Medikamente können Sie schnell finanziell ruinieren. Das ist keine besonders neue Erkenntnis und auch nicht überraschend. Sehr überraschend ist allerdings, dass in Deutschland – obwohl es hierzulande sogar eine gesetzliche Pflicht gibt, sich gegen Krankheitskosten zu versichern – im Jahr 2011 etwa 137 000 Menschen ohne einen solchen Schutz lebten. Die Zahl wird alle fünf Jahre vom Statistischen Bundesamt erhoben. Sie war zuletzt stark rückläufig. Immerhin.

KAPITEL 7

Vier Wände, viele Fragen

Die größte Finanzentscheidung des Lebens

In guten wie in schlechten Lagen

Für wen der Kauf einer Immobilie lohnt und wer besser Mieter bleiben sollte

Warum werfe ich meiner Vermieterin jeden Monat so viel Geld in den Rachen?», fragt sich ein Freund von mir jeden Tag. Zumal seine Vermieterin eine Westberliner Witwe ist, die sich genauso verhält, wie man sich Westberliner Witwen eben vorstellt: nervig.

Der Freund ist 34 Jahre alt und Freiberufler. Seine Frau ist Beamtin, die beiden haben ein kleines Kind und würden sich über ein zweites freuen. Die Familie wohnt in Berlin-Friedenau in einer schönen Fünf-Zimmer-Altbauwohnung mit Terrasse und Zugang zu einem kleinen Garten. Für die rund 150 Quadratmeter überweisen sie im Monat 1500 Euro warm an die nervige Vermieterin. Und sie haben noch mehr Fragen als die, ob das ein gutes Geschäft sei: Fühlt man sich als kleine Familie mit eigener Scholle nicht doch verwurzelter? Werden die Immobilienpreise in Berlin weiter steigen? Ist es nicht wirtschaftlich komplett unvernünftig, bei den niedrigen Zinsen nicht zu kaufen?

Doch dann kommen wieder die Gegenargumente: Wollen sie ewig in Berlin bleiben? Vielleicht braucht die Familie irgendwann deutlich mehr oder deutlich weniger Platz? Nachbarschaften können sich verändern und tun das ja gerne auch mal zum Schlechteren. Örtliches Downside-Risiko nennen das dann Immobilienökonomen. Und selbst wenn die Vermieterin regelmäßig nervt: Wenn irgendwas kaputtgeht oder zu erledigen ist, dann ruft mein Freund sie an, und die resolute Witwe muss sich darum kümmern, dass der Heizungsmensch vorbeikommt. Und zwar bitte zügig, sonst gibt's Mietminderung. Sanierungskosten trägt ohnehin der Eigentümer. Und dann wäre da ja noch die Mietpreisbremse, die Mieterhöhungen für die nächsten Jahre verhindern wird.

Man könnte also ebenso gut zu folgendem Schluss kommen: Schön blöd, wer kauft und sich hoch verschuldet, anstatt günstig zu mieten und das gesparte Geld halbwegs geschickt anzulegen. Mit Aktien hat mein Freund in den letzten Jahren übrigens einen sehr guten Schnitt gemacht.

Ihn treibt die Frage «Kaufen oder Mieten?» wirklich um. Es gab in den letzten Monaten keinen Abend, bei dem er nicht darauf zu sprechen kam. Ich habe ihm eine Studie geschickt, die mir vom Verband der deutschen Immobilienwirtschaft zugespielt wurde. Wenn sie von denen kommt, sollte man mit einer klaren Kaufempfehlung rechnen. Ist aber nicht so. Die Studie sagt: Es hängt gar nicht vom Objekt ab, ob es wirtschaftlich sinnvoll ist, ein Haus oder eine Wohnung zu kaufen. Es ist eine Typfrage!

Der Witz dabei ist die Finanzierung. Hohe Immobilienkredite disziplinieren Menschen, weniger Geld für unnütze Dinge aus dem Fenster zu schmeißen. Wer ohnehin sorgsam sein Geld zusammenhält und sich systematisch um seinen Vermögensaufbau kümmert, der sollte eher nicht kaufen. Zumal der Kauf selbst zunächst eine Menge Geld kostet: Für Grunderwerbssteuer und Notar gehen ja schon mal rund sechs Prozent des Kaufpreises durch den Schornstein. Kommt ein Makler dazu, werden es schnell mehr als zwölf Prozent!

Für all jene hingegen, die ihr Geld von sich aus nur schlecht beisammenhalten können, sind die eigenen vier Wände rein wirtschaftlich betrachtet möglicherweise eine gute Sache. Und zwar selbst dann, wenn die Immobilie nicht im Wert steigt – oder der Wertzuwachs durch die laufenden Sanierungskosten über die Jahrzehnte aufgefressen wird.

Aber warum ist das so?

Ein Immobilienkredit zwingt zum Sparen. Wer abzahlt, geht weniger oft zum Essen aus, spart beim Urlaub und der Anschaffung von Dior-Handtaschen. Alle Studien zu privatem Vermögensaufbau mit Wohneigentum weisen in eine ähnliche Richtung. Immobilienbesitzer gehen nicht nur deshalb vermögender in den Ruhestand, weil sie im Schnitt höhere Einkommen haben. Auch bei gleichem Einkommen verschwenden sie weniger. Was meinen Freund angeht: Der ist ohnehin ein wenig geizig und sollte folglich weiter mieten. Und er sollte seine nervige Vermieterin weiter nerven, wenn wieder einmal etwas gemacht werden muss.

Schon mehr als 80 Prozent aller Wohnungen verkauft

Wie uns Bauträger mit vorgetäuschter Knappheit unter Druck setzen

Der Anlageberater meines Bruders hat mir mal einen Tipp gegeben. Genauer gesagt hat er mir eine Art Checkliste in mein kleines Notizbuch geschrieben, als wir mal wieder sehr allgemein darüber geredet haben, wie ich mir meine finanzielle Zukunft vorstelle. Seitdem habe ich eine Roadmap zum Besitz einer Immobilie. Das ist eine Art mehrstufiger Plan.

Die erste Stufe sieht so aus: Wenn ich eine Immobilie kaufen möchte, muss ich erst eine Grundsatzentscheidung darüber treffen, ob ich wirklich Immobilienbesitzer werden will. Das ist noch vergleichsweise einfach, aber die folgenden Stufen haben es in sich. Ist die Grundsatzentscheidung gefallen, muss ich meine Finanzierungsmöglichkeiten für einen Immobilienkauf bis zu einem bestimmten Höchstbetrag prüfen. Dabei würde mich der Anlageberater übrigens gerne unterstützen, völlig uneigennützig natürlich.

Nächste Stufe: Nach geklärter Finanzierung brauche ich ein Suchraster, sollte also eine ziemlich genaue Vorstellung davon entwickeln, was für ein Objekt ich eigentlich möchte. Das geht naturgemäß einher mit intensiver Beobachtung des Immobilienmarktes in der Kategorie Vierzimmerwohnung mit großem Balkon oder Gartenanteil. Letzter Schritt: Bietet sich eine günstige Gelegenheit, muss ich schnell zuschlagen. Die guten Sachen sind nämlich immer umgehend weg. Das könne man gar nicht oft genug betonen, weiß der Freund meines Bruders. Ich will mich ja sicher nicht für wahnsinnig viel Geld von der Resterampe bedienen. Oder?

Die Finanzierung habe ich zwar bislang nicht geklärt, aber meine intensive Beobachtung des Immobilienmarktes lässt nur einen Schluss zu: Ich bin immer zu spät dran! Bei jedem interessanten Neubauprojekt oder der Sanierung von Bestandsimmobilien sind immer «schon mehr als 80 Prozent» der Wohnungen bereits verkauft. So steht es regelmäßig in roter Schrift auf die riesigen Plakate gedruckt, die die Bauträger an die Gerüste zur Straßenseite hängen. Mal steht da auch was von 70 Prozent, oder die Variante «nur noch 2 Einheiten frei», die Grundbotschaft ist aber jedes Mal dieselbe: Die guten Wohnungen sind längst vergeben.

Spaßeshalber lasse ich es dann auf ein paar Versuche ankommen und schreibe E-Mails an die Makler, frage, was denn noch übrig sei. In der Regel folgt eine positive Überraschung. Fast immer gibt es noch eine Wohnung, die meinem Suchraster entspricht, aber noch nicht verkauft ist. Allerdings, so erklären die Makler ebenso oft, sei diese bereits reserviert. Wobei die rechtliche Verbindlichkeit einer solchen Reservierung eher lose sei, wie mir alle Makler nahezu wortgleich erläutern. In mehreren Fällen sei eine Familie noch dabei gewesen, die Finanzierung zu klären, was ich aber sicher schon erledigt hätte.

Mir ist freilich nicht entgangen, dass ich hier gleich dreifach manipuliert werden soll.

Da ist einerseits das Phänomen des Herdentriebs. Das kenne ich sehr gut, seit ich vor 15 Jahren fatalerweise beim Börsengang der Deutschen Telekom in die T-Aktie investiert habe. Wenn alle das tun, wird es schon richtig sein, habe ich damals gedacht. Wenn heute 80 Prozent der Wohnungen bereits verkauft sind, muss es sich also um ein gutes Objekt handeln.

Zudem signalisiert die «80 Prozent verkauft»-Botschaft, dass wir in Sachen Immobilien offenkundig in einer Mangelwirtschaft leben. Die Angst davor, leer auszugehen, ist tief im Menschen verwurzelt. Wohnen gehört darüber hinaus – das erkennen wir schon auf der berühmten Bedürfnispyramide des US-amerikanischen Sozialpsychologen Abraham Maslow – zu den Grundbedürfnissen des Menschen. Und einen Mangel in dieser Hinsicht akzeptieren wir schon gar nicht. Wir müssen handeln, und zwar schnell. Und dieser psychologische Effekt lässt sich wunderbar für die dritte Manipulation ausnutzen.

Bei der Entscheidung zum Kauf einer Immobilie zaudern wir nämlich mehr als in allen anderen Bereichen von Konsum. Das kann man vornehm als «Prokrastinieren» bezeichnen, was weitaus freundlicher klingt als «Erledigungsblockade» oder «Aufschiebeverhalten». Die effektivste Methode des Marketings dagegen ist, Knappheit künstlich zu schaffen. Sie kennen das zum Beispiel von limitierten Auflagen bei Kunstdrucken oder Sondereditionen von Turnschuhen.

Die Methode kann auf dreister Lüge basieren, funktioniert perfiderweise aber selbst bei Menschen, die sich voll bewusst sind, dass sie gerade bei ihnen angewandt wird. Zahlreiche verhaltensökonomische Experimente belegen, dass man sich dem Sog der künstlichen Knappheit kaum entziehen kann. Das hat mit unserem Verhältnis zu uns selbst zu tun. Wir mögen den uns innewohnenden Hang zur Prokrastination nicht. Jeder Doktorand in der Schreibphase kennt es und weiß, welche Waffe gegen Aufschiebe-ritis am besten wirkt: Deadlines. Künstliche Verknappung im Immobilienmarkt wirkt wie eine Deadline. Sie erhöht den Zeitdruck. Insgeheim sind wir sogar dankbar dafür, weil uns dieser Druck hilft, unsere «Erledigungsblockade» zu überwinden. Also kaufen wir.

Die gleichen Wirkmechanismen können übrigens in umgekehrter Richtung gegen Immobilienverkäufer wirken. Sind Objekte nur lange genug auf dem Markt, sinkt in der Regel der Preis. Wenn das Haus oder die Wohnung nämlich lange keiner gekauft hat, muss das Ding ja einen Riesenhaken haben. Dabei kann das auch einfach daran liegen, dass diese Immobilie nur ein wenig außerhalb des

Suchrasters liegt, das alle haben. Interesse zu äußern, die endgültige Kaufentscheidung dann aber immer wieder aufzuschieben, erhöht den Druck auf den Verkäufer.

Der Immobilienkredit als Zeitmaschine

Das tückische Verhältnis von Tilgung und Laufzeit

Immobilienkredite funktionieren ähnlich wie Leichtathletikrennen: Es kommt auf die Laufzeiten an. Usain Bolt beispielsweise braucht nur 9,58 Sekunden für 100 Meter. Und Dennis Kipruto Kimetto schafft die Marathondistanz in 2 Stunden, 2 Minuten und 57 Sekunden. Natürlich sind die beiden Spitzensportler in höchst unterschiedlichen Geschwindigkeiten unterwegs. Würde jemand den Marathonlauf in der Bolt'schen Sprintgeschwindigkeit absolvieren, hätte er die 42,195 Kilometer in etwas mehr als einer Stunde hinter sich gebracht. Umgekehrt würde, wer im Tempo eines Langstreckenläufers auf der Kurzstrecke dahinschleicht, fast 18 Sekunden für die 100 Meter benötigen. Das wäre selbst für viele couchgestählte Passivsportler mit Bierbauch zu schaffen.

Geschwindigkeit und Strecke müssen zusammenpassen. Für jemanden, der sich auch nur gelegentlich seine Joggingschuhe anzieht, ist das kein Geheimnis. Es macht eben einen Unterschied, ob man nur einmal um den Block flitzt oder stundenlang über Feldwege trabt. Wer mit seinen Kräften nicht haushalten kann, kommt nicht ins Ziel, sondern beendet seine sportlichen Aktivitäten mit Atemnot und Seitenstechen.

Bei Immobilienkrediten ist das ganz ähnlich. Auch hier entscheidet das Verhältnis von Geschwindigkeit und Strecke, von Laufzeit und Tilgung.

Eine kleine Rechnung: Sie leihen sich 150 000 Euro zum Zinssatz von zwei Prozent jährlich. Unterstellen wir der Einfachheit halber, dass dieser Zins konstant bleibt. Dann tilgen Sie, zahlen also zurück.

In der Variante «Langstrecke» tilgen Sie pro Jahr anfänglich ein Prozent der geliehenen Summe und zahlen dafür 375 Euro im Monat. Dann sind Sie in etwa 55 Jahren schuldenfrei. In mehr als einem halben Jahrhundert!

In der Variante «Sprint» tilgen Sie drei Prozent, und mit einer Monatsrate von 625 Euro gehört Ihr Traumhaus schon in 25 Jahren Ihnen. Was immer noch lang hin ist, zugegeben. Gleichwohl bleiben Ihnen drei Jahrzehnte am Gängelband der Bank erspart.

Interessant, oder?

Kredite sind eigenartige Konstruktionen, ihr Wesen ist der Zins. Zinsen sind aber nicht der Preis des Geldes, wie gern angenommen wird. Zinsen sind der Preis für die Benutzung einer Zeitmaschine. Sie bezeichnen den Wert einer Reise in die Zukunft. Denn natürlich könnten Sie einfach ein paar Jahrzehnte lang sparen, bis Sie den Kaufpreis für Ihr Traumhaus zusammenhätten. Natürlich müssten Sie schneller sparen, als die Preise steigen, und darüber hinaus hoffen, dass Ihnen niemand die Immobilie wegschnappt oder das gute Stück in der Zwischenzeit zur Ruine verfällt. Andererseits können die Preise in der Ansparphase auch fallen, dann hätten Sie Glück. Aber weil Sie ja gerade jetzt etwas suchen, leihen Sie sich Geld, um die lästige und langwierige Sparerei abzukürzen. Das ist der Zeitsprung, den Sie bezahlen. Mit Zinsen.

Kurze Kreditlaufzeiten bedeuten geringere Zinskosten. Das liegt daran, dass kurze Zeitreisen billiger sind als solche in die weit entfernte Zukunft. In der Zwischenzeit kann nämlich viel passieren – gemeint ist: schiefgehen. Die Banken sprechen von Ausfallrisiko, also der Wahrscheinlichkeit, dass ein Schuldner die geliehene Summe nicht oder nicht vollständig zurückzahlen kann. Und mal ehrlich: Wenn Sie glauben, die nächsten 55 Jahre lang Ihren Job zu behalten, nicht umziehen zu müssen, sich nicht scheiden zu lassen oder krank zu werden, dann müssen Sie schon sehr viel Vertrauen in die Zukunft haben. Und weil Banken das sehr viel realistischer sehen, lassen sie sich das Risiko des Zahlungsausfalls versichern – durch einen Risikoaufschlag.

Längere Laufzeiten sehen billiger aus, weil die monatliche Belastung sinkt. Das zeigt das Beispiel. Allerdings wissen wir inzwischen auch, dass Zinsen ein Preis für Zeit sind. Insgesamt, also alles in allem, zahlt man absolut gerechnet bei einem lang laufenden Kredit mehr Zinsen als bei einem kurz laufenden.

Blödsinn ist in jedem Fall, nur deswegen eine Immobilie zu kaufen, weil die Zinssätze so niedrig sind. Das macht das Haus oder die Wohnung nicht günstig, sofern Sie nicht etwas Ländliches in der Uckermark suchen. Ganz im Gegenteil: In den Ballungszentren sind die Preise in den vergangenen Jahren extrem stark gestiegen. Zinssätze runter, Preise hoch. Den Rest können Sie sich ausrechnen. Sie zahlen beim Immobilienkauf etwas weniger an die Bank, dafür etwas mehr an den Verkäufer. Aber Sie zahlen in jedem Fall.

Wenn immer möglich, sollten Sie Kredite möglichst schnell zurückzahlen. Idealerweise mit einem kleinen Trick, der Ihnen hohe monatliche Raten erspart: Wählen Sie einen Kredit mit langer Laufzeit, also geringen monatlichen Raten – aber lassen Sie sich das Recht zu möglichst hohen Sondertilgungen einräumen. Kommen Sie überraschend zu Geld (wie auch immer), verringert sich Ihre Schuld durch eine Sondertilgung dramatisch. Sie machen einen Zeitsprung vorwärts. Das ist wie wenn sich der Marathonläufer einen Energy-Drink mit Usain-Bolt-Sprinthormonen genehmigt und danach mal eben zehn Kilometer flitzen kann wie der Blitz. Dann kommt er weit nach vorn.

Sie sehen also, dass die Finanzierung einer Immobilie wirklich mit Leichtathletik vergleichbar ist. Mit einer Ausnahme: Sprints und Marathonläufe können Sie beliebig oft trainieren. Beim Kauf einer Immobilie haben Sie meistens nur einen Versuch.

Der Fluch des Selbermachens

Warum wir uns beim Renovieren hoffnungslos überschätzen

Es gibt immer was zu tun», wirbt Hornbach. Und das stimmt ja auch schon deswegen, weil Baumärkte permanent dafür sorgen, dass uns Heimwerkern die Arbeit nicht ausgeht. Warum sollten wir Tausende Euro für professionelle Handwerker ausgeben, wenn selbst die komplette Wärmedämmung eines Einfamilienhauses angeblich bloß ein harmloser Feierabendspaß für jedermann ist? Oder, wie es Hornbach in seiner Werbung formuliert: «Sie wollen nach der Arbeit noch zwei Stunden dämmen? Kein Problem!»

Kein Problem! Niemals! Alles ganz easy! Sie können das auch mit zwei linken Händen! Ob Wärmedämmung, Fliesenlegen, neue Stromleitungen oder der Austausch von Fenstern und Türen – Baumärkte preisen das Do-it-yourself-Mantra, Bauherren bejubeln stolz die «Muskelhypothek». Immerhin führt das dazu, dass die Deutschen Jahr für Jahr erstaunliche 18 Milliarden Euro für Estrich, Dachlatten, Fliesenschneider, Spachtelmasse, Elektrohobel und dergleichen in den Baumärkten lassen. Zum Vergleich: Für ihre Körperpflege wenden die Bundesbürger nur 13 Milliarden Euro jährlich auf. Da sieht man schon, wo die Prioritäten liegen.

Die große Frage ist, ob sich das Selbermachen wirklich lohnt.

Dafür spricht, dass weniger Handwerkerrechnungen anfallen. Das spart Geld. Und Nerven, die für zeitraubende Diskussionen draufgehen, weil Termine nicht eingehalten oder irgendwelche Dinge schlampig erledigt werden. Handwerker können anstrengend sein.

Dagegen spricht, dass man sich zunächst einen Maschinenpark aus Werkzeugen anschaffen muss. Der kostet Geld, und eine Kreissäge, die nur einmal benutzt wird, ist betriebswirtschaftlich gesehen eher eine schlechte Investition.

Abgesehen davon stellt Selbermachen eine Gefahr für Leib und Leben dar. Der Bundesanstalt für Arbeitsschutz und Arbeitsmedizin zufolge sind alljährlich etwa 300 000 Heimwerkerunfälle mit Verletzten zu beklagen. Auch hier können Kreissägen eine sehr traurige Rolle spielen.

Vor allem aber brauchen Laien länger als Profis. Maler, Tischler, Fliesenleger, Dachdecker & Co. sind nicht ohne Grund Ausbildungsberufe. Die Fassadensanierung eines Einfamilienhauses klingt nur in der Werbung nach einem Kinderspiel. Wer Dinge zum ersten Mal anpackt, macht dabei Fehler. Lassen Sie sich mal von einem Tischlergesellen das erste und das letzte Stück zeigen, das er während seiner Ausbildung angefertigt hat. Dann erkennen Sie den Unterschied.

Subjektiv aber, und das ist der Unterschied, stellt sich die Sache ganz anders dar. Haben wir Arbeit, Zeit, Schweiß, Tränen und womöglich auch Blut in etwas investiert, macht es uns stolz. Er erscheint uns besonders hochwertig zu sein. Hochwertiger, als es in Wirklichkeit ist.

Den Beweis führte vor einigen Jahren der bekannte amerikanische Psychologe und Verhaltensökonom Dan Ariely. Er veranstaltete ein Experiment mit Origami, der japanischen Kunst des Papierfaltens. Dazu bat er die Versuchsteilnehmer, einer Anleitung zu folgen und einen Frosch aus Papier zu falten. Was ihnen auch ganz passabel gelang. Anschließend fragte er die Bastler, wie viel Geld sie für ihre selbst gefertigten Frösche zahlen würden. Im Durchschnitt waren es 23 Cent, so das Ergebnis. Das hört sich wenig an? Als Ariely daraufhin ahnungslosen Passanten die Frösche zeigte und sie ebenfalls fragte, wollten diese im Schnitt lediglich fünf Cent für die Origami-Frösche zahlen. Die Bastler waren also «bei der Bewertung ihrer eigenen Werke enorm befangen», stellte der Wissenschaftler fest.

Dass die Arbeit der zufällig ausgewählten Bastler zudem objektiv schlechter war als die von echten Könnern, bewies Ariely in einem weiteren Experiment. Dabei ließ er Frösche ausnahmslos von Origami-Profis falten. Wieder fragte er unbeteiligte Passanten, was sie zahlen würden. Und diesmal waren sie im Durchschnitt bereit, 27 Cent pro Stück auszugeben. Mehr als das Fünffache der

Summe, die sie für die Faltfrösche der Laien auf den Tisch gelegt hätten. Sie hatten offenbar einen Unterschied in der Qualität der Arbeiten erkannt.

Die Überschätzung des eigenen Tuns ist in der Verhaltensökonomie als «Ikea-Effekt» bekannt. Wahrscheinlich basiert der ganze Erfolg des schwedischen Möbelhauses darauf, dass es Menschen Dinge selber aufbauen lässt – Billy-Regale zum Beispiel – und dadurch glücklich macht. So gesehen sind Renovierungsarbeiten pures Glück. Egal ob es das neu tapezierte Wohnzimmer ist, der abgebeizte Bauernschrank oder das selbst verlegte Laminat. Berauscht von der eigenen Leistung blicken wir großzügig über Mängel hinweg. So wie Kleinkinder, die den Eltern stolz ihr erstes selbstgemaltes Bild präsentieren. Da käme auch niemand auf die Idee, es wäre ein Picasso.

Was bleibt, abgesehen vom Glücksgefühl und den objektiven Mängeln der eigenen Leistung? Nur eine dumme Rechnung und die Frage, in welcher Währung wir eine Arbeit bezahlen wollen – in Geld oder in Zeit.

Wir können jede Handwerksleistung in verschiedenen Zuständen erwerben. Einen Stuhl zum Beispiel. Zu haben ist er unter anderem als fertiges Möbelstück. In diesem Fall kostet er vergleichsweise viel Geld, ist dafür aber sofort einsatzbereit. Man kann den Stuhl aber auch als vormontierten Bausatz kaufen. Das ist etwas billiger, dafür muss man etwas Zeit in den Aufbau investieren. Oder man kauft ein paar Bretter und Schrauben. Das ist am billigsten, allerdings dauert es, bis daraus ein Stuhl wird.

Je fertiger ein Produkt, desto höher der Preis und desto schneller die Verfügbarkeit. Diese Variablen können wir beeinflussen. Wir können entscheiden, ob wir in Euro zahlen oder in Stunden, in Zeit oder in Geld. Aber bezahlen müssen wir in jedem Fall.

Betongold?

Vermietung in Zeiten der Mietpreisbremse

Sie kennen bestimmt auch jemanden, der von Vermietung lebt. Ihren Vermieter zum Beispiel. Wenn er nicht vollständig davon lebt, freut er sich zumindest über ein schönes Zubrot aus der Miete, die Sie ihm Monat für Monat überweisen. Okay, dass für den Eigenbedarf je nach charakterlicher Voreinstellung das Mieten die bessere Alternative sein kann, haben wir bereits geklärt. Aber mal andersherum gefragt: Sollten Sie nicht Vermieter werden und die Renditechancen von Immobilien als Anlageobjekt nutzen?

Die Vorteile liegen auf der Hand. Immobilien sind eine sichere und langfristige Anlage. Wohnen müssen Menschen schließlich immer, und Sie sind sicherlich nicht so blöd, in einer Region mit Bevölkerungsrückgang zu investieren. Außerdem sind die Zinsen seit Jahren extrem niedrig. Nein, das ist zu zurückhaltend formuliert: Banken schmeißen einem das Geld hinterher. Im Zuge von Finanz- und Eurokrise sind sie an einem historischen Tiefpunkt angelangt und können de facto nur noch steigen. Zudem lassen sich mit Immobilien Steuern sparen, wenn man es einigermaßen vernünftig anstellt und keinem windigen Steuersparmodell aufsitzt. Dann können Vermieter eine Reihe von Investitionen in ihre Immobilie absetzen. Halten sie eine Immobilie länger als zehn Jahre, bleibt der Gewinn aus einem möglichen Weiterverkauf ebenfalls steuerfrei.

Wenn Sie «reich werden mit Immobilien» googeln, bekommen Sie knapp eine Million Treffer. Dabei stoßen Sie zunächst auf viele Geschichten über Donald Trump, dem amerikanischen Selbstdarsteller und Gernegroß. Diese Ergebnisse überlesen Sie bitte. Es ist ja weder realistisch noch wünschenswert, der nächste Donald Trump zu werden. Klicken Sie stattdessen bitte auf plausible Modellrechnungen zu 100-Prozent-Finanzierung einer Eigentumswohnung im Wert von 300 000 Euro bei einer Ein-Prozent-Tilgung und einer jährlichen Wertsteigerung von fünf Prozent. Keine Bange, Sie werden viele solcher Beispiele bei Google finden. Beim Durchsehen werden Sie dann erkennen, dass Sie mit einer solchen Anlage realistischerweise binnen fünf Jahren einen Vermögenszuwachs von mindestens 100 000 Euro erleben werden, was im Gegensatz zu einer Annäherung an Donald Trump durchaus wünschenswert ist. Sie werden auf den entsprechenden Internetseiten voller Modellrechnungen – darunter viele von seriösen Anbietern! – relativ häufig den Begriff «Betongold» finden.

Worauf Sie bei Ihrer Google-Suche nicht stoßen werden, ist eine Studie des Deutschen Instituts für Wirtschaftsforschung. Das hat die tatsächlichen Gewinne der sieben Millionen privaten Vermieter in Deutschland ermittelt. Die in der Regel relativ zuverlässige Datenauswertung des Sozio-oekonomischen Panels des Instituts hat dabei ergeben, dass bei einem Viertel der Privatinvestoren die Rendite null Prozent beträgt. Dass knapp zehn Prozent bei ihren vermieteten Immobilien monatlich draufzahlen. Dass wiederum ein weiteres knappes Viertel einen kleinen Gewinn von null bis zwei Prozent erzielt. Und dass letztlich nur 18 Prozent aller Privatvermieter eine ordentliche Rendite von fünf Prozent oder mehr erwirtschaftet.

Spannend, oder?

Je tiefer man in die Daten schaut, desto spannender wird es. Zu den wenigen erfolgreichen privaten Vermietern gehören vor allem jene, die komplette Mietshäuser besitzen. Unter diesen wiederum stehen diejenigen am besten da, die auch noch größere Immobilien an verschiedenen Standorten besitzen. Besonders schwer haben es hingegen Vermieter mit Einfamilienhäusern oder einzelnen Eigentumswohnungen. Sie haben oft einen großen Teil ihrer Ersparnisse in die «langfristige Anlage Wohnimmobilie» gesteckt und leiden dann unter dem sogenannten Klumpenrisiko.

Es muss sich dann nicht einmal ein böswilliger Mietnomade bei Ihnen einnisten, der alle Tricks des deutschen Mietrechts kennt und diese brutal ausnutzt. Selbst relativ kurze Leerstandszeiten bei Mieterwechseln und unvorhergesehene und in den Modellrechnungen zu niedrig kalkulierte Instandhaltungskosten machen aus dem Betongold schnell eine besonders arbeitsintensive Form von Zuschussgeschäft. Der Gesetzgeber hat mit der sogenannten Mietpreisbremse privaten Vermietern zudem nahezu jede Möglichkeit genommen, mehr aus ihrer Immobilie herauszuholen. Das klingt zwar nach sozialer Gerechtigkeit. Faktisch läuft sie in Gebieten mit hohem Unterschied zwischen Mietspiegel und Marktmieten aber auf eine Teilenteignung der Vermieter hinaus.

Das vielleicht größte Hemmnis für finanziell erfolgreiche Vermietungen findet sich an einer für viele Mieter besonders überraschenden Stelle: im Kopf des Vermieters. Diese sind nämlich entweder überraschend großzügig oder – das ist wahrscheinlicher – sehr konfliktscheu. Rund die Hälfte der deutschen Vermieter erhöht die Mieten gar nicht oder viel seltener und in geringerem Umfang, als es für eine Investition mit mehr als zwei Prozent Renditeerwartung nötig wäre.

Kein Wunder, denn nahezu jede Mieterhöhung bedeutet Ärger. Offenkundig fehlt es vielen Privatvermietern an der nötigen Härte, um diese erfolgreich durchzusetzen. Das macht unsere Ausgangsfrage, ob Sie nicht Vermieter werden und die Renditechancen von Immobilien als Anlageobjekt nutzen sollten, im Kern zu einer Charakterfrage. Überspitzt könnte man diese auch so formulieren: Wollen Sie ein netter Mensch bleiben? Dann lassen Sie von privater Vermietung die Finger. Für diese

Entscheidung spricht dann übrigens auch eine zentrale Erkenntnis der Glücksforschung: Nette Menschen sind im Schnitt deutlich zufriedener als fiese.

Der menschliche Makler

Wie Profis uns bei der Suche nach einer Mietwohnung finanziell aussaugen

Ich spiele gern «Buchtitel erfinden». Ich denke mir Namen von Büchern aus, die ich selber gern lesen oder schreiben würde. Einer meiner Favoriten ist «Schweine im Geldall». Dabei geht es um skrupellose Abzocker jeder Art.

Außerdem hoffe ich noch auf das große Säufer-Epos «Lebern aus Stahl» sowie den Immobilien-Schicksalsroman «Der menschliche Makler». Wobei es irgendwann wirklich unglaubwürdig wird. Von wegen der menschliche Makler.

Persönliche Erfahrungen mit Immobilienmaklern deuten eher auf das Gegenteil hin. Makler haben viel dafür getan, ihr schlechtes Image zu rechtfertigen. Die einen kassierten Provision für die Vermittlung von Wohnungen, die sich von ganz allein vermieteten. Die anderen zeigten Interessenten erst einmal völlig überteuerte Wohnungen – ohne diese tatsächlich vermieten zu wollen. Die Masche dient nämlich nur dazu, den Widerstand zu brechen, denn der potenzielle Mieter wird dann mit Sicherheit die nächste angebotene Wohnung nehmen. Die ist zwar immer noch teuer, aber er wird glauben, vergleichsweise billig weggekommen zu sein. Ganz alter Trick. Den kennen wir ja auch schon vom Ankergericht.

Denken Sie nur mal an die Horrorgeschichten aus London: Im Sommer 2014 ging ein Schuhkarton-großes Zimmer, das nur ein Bett neben einer Küchenzeile enthielt, in der Nähe des Bahnhofs King's Cross für umgerechnet 900 Euro im Monat weg. Zugegeben, ein Exzess. Doch im Durchschnitt aller neu vermieteten Wohnungen müssen Mieter in London monatlich umgerechnet etwa 2000 Euro hinlegen. Kalt, natürlich. So gesehen ist selbst München mit seinen durchschnittlich 18 Euro je Quadratmeter vergleichsweise günstig, oder? Rechnen Sie mal.

Von der Wohnungsnot in den Ballungszentren profitieren Vermieter und Makler gleichermaßen. Der Vermieter bekommt seine Wohnung immer los, ohne sich mit der Auswahl verzweifelter Interessenten herumplagen zu müssen. Der Makler hat leichtes Spiel, weil viele Menschen für eine Wohnung fast alles tun. Und im Zweifel eine Provision für das Aufschließen einer Tür bezahlen.

Eine Schweinerei. Genau deswegen gilt seit Juni 2015 ein neues Gesetz. «Dadurch soll künftig sichergestellt werden, dass diejenige Partei, die die Leistung eines Maklers veranlasst, auch verpflichtet sein soll, die anfallenden Maklergebühren zu zahlen», teilt das Bundesjustizministerium mit. Wer den Makler bestellt, der bezahlt auch. Das ist das Prinzip. Deswegen heißt es ja auch so: Bestellerprinzip. Und wie immer bei Prinzipien gibt es natürlich auch Leute, denen diese Prinzipien scheißegal sind.

Besonders clevere Vertreter der Kategorie «Schweine im Geldall» haben sich ausgedacht, wie man die ganzen Vorschriften umgehen und die Mieter trotzdem zur Kasse bitten könnte. Schließlich lebt man in einer Marktwirtschaft, und da bestimmt die starke Nachfrage bei knappem Angebot eben den hohen Preis. Fragen Sie mal in München, Berlin, Hamburg, Köln oder Düsseldorf.

Manch Marketingberater für Immobilienmakler stellt die schönsten Maschen gleich auf seine Internetseite. Dort sind sie natürlich ein bloßer Hinweis, keine Empfehlung. Schließlich stehen auf die Umgehung des Bestellerprinzips Geldbußen von bis zu 25000 Euro. Jedenfalls im Prinzip, denn wo kein Kläger, da kein Richter. Auch nicht gegen das hier:

Erstens: Die getarnte Ablösesumme. Es war ja schon immer irre, was manch ein Vermieter für die olle Einbauküche haben wollte, für die Wohnzimmerschrankwand oder für die hässlichen Sanitärmöbel im Badezimmer. Letztes Jahr waren es 1000 Euro, dieses Jahr sind es vielleicht 2500 Euro. Der Makler wickelt alles ab und behält seinen Teil für sich. Wie zuvor mit dem Vermieter abgemacht.

Zweitens: Der falsche Suchauftrag. Noch in der Wohnung bittet der Makler den Interessenten, den Suchauftrag zu unterschreiben – und zwar rückwirkend. Angesichts der oft großen Zahl von Konkurrenten um die schöne

Bleibe wird sicher einer unterschreiben. Schon ist er Auftraggeber, Besteller und Bezahler. Der jemanden etwas suchen lässt, was schon längst gefunden wurde.

Drittens: Das Maklerkarussell. Dabei arbeiten zwei Makler zusammen, wobei der eine ausschließlich zahlungsunwillige Vermieter, der andere lediglich Mieter vertritt. Beide sprechen sich ab, dass es so aussieht, als habe immer nur der Suchauftrag eines Mieters zum Erfolg geführt. Die Provision teilen sie sich.

Viertens: Die versteckte Mieterhöhung. Dabei vereinbaren Vermieter und Makler, dass die Provision heimlich auf die Monatsmiete aufgeschlagen wird. Im Ergebnis zahlen Mieter dann die Maklergebühren in Raten ab. Ohne es zu merken.

Sie sehen schon, Makler haben nach wie vor viele Möglichkeiten, Ihnen das Geld abzunehmen und weiterhin Champagnerpartys auf Ihre Kosten zu feiern. Der Held in meinem Buch «Lebern aus Stahl» wäre wohl auch ein Makler. Aber vielleicht kommt ja alles ganz anders. Vielleicht geraten Sie an einen Makler, der wirklich ein Mensch ist.

Finca-Phantasien

Auf Beutezug mit Ferienhausverkäufern

Sie lieben das Meer. Wie die meisten Menschen. Früher waren Sie oft in Italien oder Spanien im Urlaub, einmal auch in Portugal. Aber seit einigen Jahren haben Sie die Vorzüge von Nord- und Ostsee schätzen gelernt. Zu heiß mag man es ja auch nicht mehr. Die kurze Anreise mit dem Auto macht die Sache bequem und natürlich auch deutlich günstiger, besonders wenn Sie Kinder haben und als Familie sonst vier oder fünf Flugtickets kaufen müssten.

Diesen Sommer sind Sie nun zum dritten Mal auf – sagen wir – Usedom. Sie lernen nicht nur das Meer schätzen, sondern auch die Seebrücken und die kaiserliche Architektur an der Strandpromenade. Sie haben ein Lieblingsrestaurant, in das Sie inzwischen mehrmals pro Urlaub gehen. Sie kennen die nette Frau von der Standkorbvermietung. Vor allem aber merken Sie, dass Ihre Ferienwohnung jedes Jahr um fünf bis zehn Prozent teurer geworden ist.

Jetzt sind Sie reif. Sie sind leichte Beute für Ferienhausmakler. Diese Menschen sind schlau. Denn sie hängen Informationen über die von ihnen angebotenen Objekte nicht nur in diese Glaskästen an der Flaniermeile, an denen Sie vorbeilaufen, wenn Sie Zeit haben, in guter Stimmung sind und darüber nachdenken, wie Ihr Leben wohl ohne 40- bis 50-Stunden-Woche aussehen würde. Wenn Sie also besonders empfänglich sind für Marketingbotschaften.

Ferienhausmakler bereiten Sie darüber hinaus langfristig auf Ihre Kaufentscheidung vor. Sie versorgen die Allgemeinheit schon seit einigen Jahren mit detaillierten Studien, die in den Medien auftauchen und an die Sie sich vielleicht erinnern, wenn Sie eines Tages vor der Frage stehen, ob Sie Ihrer Finca-Phantasie nachgeben sollten.

Die umfangreichste Studie zum Ferienimmobilien-Markt veröffentlicht jährlich das in gehobenen Urlaubsorten gut vertretene Maklerhaus Engel & Völkers in Zusammenarbeit mit dem Vermieterportal FeWo-direkt. Wer das knapp 100 Seiten starke Dokument mit vielen Schaubildern durchblättert, kann im Grunde nur zu einem Schluss kommen: Nur Vollidioten investieren nicht in Ferienimmobilien.

Durchschnittlich beträgt die Bruttorendite von Ferienimmobilien an den deutschen Küsten demnach rund acht Prozent. Wer in den eigenen vier Wänden Urlaub macht, spart dort die Miete, die sich ja auch auf ein paar tausend Euro summieren kann. Zudem entwickeln sich der Studie zufolge die Immobilienpreise an den Küsten sehr erfreulich. Die Maklerzunft übersetzt das dann gerne in Sätze wie: «Die Assetklasse Ferienimmobilie eignet sich hervorragend als Baustein für die Altersvorsorge.»

Unterstützt wird diese Argumentation durch den Immobilienverband Deutschland. Die Maklerorganisation hat berechnet, dass ein durchschnittlicher Vermieter einer Ferienimmobilie bei plus/minus Null rauskommt, sobald er Ferienhaus oder -wohnung 17 Wochen im Jahr vermietet. Was darüber hinausgeht, bringt Gewinn. Auch abseits der Uferpromenade von Heringsdorf erzielt diese Zahl werbliche Wirkungstreffer, wenn sie in Verbindung mit der Studie von Engel & Völkers und FeWo-direkt gebracht wird. Die sagt nämlich, dass Ferienwohnungen durchschnittlich 23 Wochen im Jahr vermietet sind.

Die Erfolgsstory der «Assetklasse Ferienimmobilie» wurde in den Finanzteilen der deutschen Zeitungen in den letzten Jahren immer wieder erzählt. Die Grundlagen für diese Artikel sind fast immer die oben genannten Zahlen. Dabei fällt auf, dass wir in den euphorischen Artikeln praktisch nirgendwo den Hinweis darauf gefunden haben, dass die Studien auf Onlinebefragungen von Vermietern beruhen. Nun weiß der Wirtschaftsempiriker, dass erfolgreiche Marktakteure bei solchen unverbindlich in die Welt geschossenen Befragungen besonders gerne mitmachen und ihren ökonomischen Erfolg auch gerne noch ein wenig nach oben korrigieren – manchmal bewusst, meist aber unbewusst. Eine etwas überfreundliche Selbstwahrnehmung liegt nun einmal in der Natur erfolgreicher Menschen. Wer weniger gut am Markt agiert, neigt hingegen dazu, solche Online-Fragebögen einfach nicht auszufüllen. Was menschlich natürlich genauso verständlich ist, weil sie sich dann nicht mit ihrem ökonomischen Misserfolg auseinandersetzen müssen.

Wir wollen damit nicht sagen, dass eine Ferienimmobilie sich nicht lohnt für geschickte Investoren, die Spaß daran haben, sich ständig um ein 300 Kilometer entferntes Häuschen zu kümmern. Oder die gerne im Februar oder November an der Ostsee Urlaub machen, weil die Wohnung zur Hauptsaison vermietet ist – wenn es gut läuft.

Wir erlauben uns nur darauf hinzuweisen, dass es den Maklern, ihren Organisationen und Verbänden während der vergangenen Jahre gelungen ist, mit fragwürdigen Daten emotionale Urlaubsgeschichten zu erzählen. Das haben sie übrigens schon einmal gemacht. Fragen Sie mal die Leute, die in den siebziger und achtziger Jahren Ferienimmobilien in den Betonburgen der boomenden spanischen Festlandküsten investiert haben. Fragen Sie bitte, wie viel Ärger sie mit Mietern hatten und wie hoch die jährlichen Kosten für Verwaltung und Renovierung waren. Und vergessen Sie bitte nicht zu fragen, ob die prognostizierte Wertentwicklung tatsächlich eingetreten ist. Höchstwahrscheinlich können Sie heute dort ein Schnäppchen schlagen.

NACHWORT

Und? Wofür werden Sie als Nächstes Geld ausgeben? Für ein Paar Schuhe? Oder für ein neues Auto? Gehen Sie ins Restaurant? Oder buchen Sie online den Urlaub für das nächste Jahr?

Lassen Sie sich dabei nicht über den Tisch ziehen, aber auch nicht jeden Spaß am Shopping nehmen. Konsum macht nicht glücklich. Konsum ist aber auch keine Krankheit. Die Kunst des klugen Kaufens ist im Kern eine pragmatische Haltung. Kluge Käufer praktizieren sie im Halbfeld zwischen oberschlauen Verkäufern und oberkritischen Verbraucherschützern.

Sie machen das schon richtig. Sie bleiben entspannt. Ihre nächste *customer journey* treten Sie mit wachem Blick an. Sie erkennen die Muster der Verführung. Und immer häufiger finden Sie das richtige Maß zwischen Vernunft und Freude, Kopf und Käufer-Herz. Kluge Verkäufer werden Sie dabei übrigens unterstützen.

Danke, dass Sie dieses Buch gekauft und gelesen haben.

Wir freuen uns auf Ihr Feedback.

Diskutieren Sie mit uns über gute und schlechte Erfahrungen. Helfen Sie uns, weitere Muster der Verführung zu erkennen und zu verstehen. Besuchen Sie uns bei Facebook unter facebook.com/n2z3. Twittern Sie unter #n2z3 und folgen Sie uns dort unter @thomasramge und @MRohwetter.

Thomas Ramge
Montags könnt ich kotzen

Vom ganz normalen Bullshit

Es wird gepitcht und vom Ending her gedacht, die kreative Challenge angenommen, ein Innovationsapproach entwickelt, an den Stellschrauben für mehr Sustainability gedreht, Value geaddet, restrukturiert, gechanget und sich zeitnah committet – und plötzlich verliert man vor lauter Worthülsen und Floskeln das Wesentliche aus dem Blick: die Arbeit. Thomas Ramge hat als Unternehmensberater viel Bullshit erlebt und produziert. Am Beispiel seines Alter Egos Lukas Frey, der in einem großen Konzern die Markteinführung eines neuen Produktes begleiten soll, zeigt er, welche absurden Blüten die modernen Managementmethoden treiben …

256 Seiten

«Was für ein großer, zynischer Spaß!»

Handelsblatt

MIX
Papier aus verantwortungsvollen Quellen
FSC® C083411
www.fsc.org

Das für dieses Buch verwendete Papier ist FSC®-zertifiziert.